ISBN 978-3-662-23684-0   ISBN 978-3-662-25773-9 (eBook)
DOI 10.1007/978-3-662-25773-9

Die in den Sitzungsberichten Abtlg. I und Abtlg. II der math.-nat. Klasse der Österr. Ak. d. Wiss. erscheinenden Abhandlungen werden auch einzeln abgegeben. Sie können durch jede Buchhandlung oder direkt durch die Auslieferungsstelle der Österreichischen Akademie der Wissenschaften (1010 Wien, Mölkerbastei 5) bezogen werden.

Nachfolgende Abhandlungen aus dem Fache **Paläontologie** sind erschienen:

1955 (S I Bd. 164):

Bachmayer F., Die fossilen Asseln aus den Oberjuraschichten von Ernstbrunn in Niederösterreich und von Stramberg in Mähren (mit 9 Textabbildungen und 6 Tafeln). S 26.60

Beier M., Insektenreste aus der Hallstattzeit (mit 4 Abbildungen und 2 Tafeln). S 6.40

Herre W., Die Fauna der miozänen Spaltenfüllung von Neudorf a. d. March (ČSR), Amphibila (Urodela) (mit 6 Textabbildungen). S 14.80

Kühn O., Die Bryozoen der Retzer Sande (mit 2 Tafeln). S 14.10

Papp A., Orbitoiden aus der Oberkreide der Ostalpen (Gosauschichten) (mit 3 Tafeln). S 12.20

Papp A., Die Foraminiferenfauna von Guttaring und Klein St. Paul (Kärnten): IV. Biostratigraphische Ergebnisse in der Oberkreide und Bemerkungen über die Lagerung des Eozäns (mit 4 Textabbildungen). S 12.20

Plöchinger B., Eine neue Subspezies des Barroisiceras haberfellneri v. Hauer aus dem Oberconiader Gosau Salzburgs (mit 2 Textabbildungen und 1 Tafel). S 4.40

Tollmann A., Die Foraminiferenentwicklung im Torton und Untersarmat in den Randfazies der Eisenstädter Bucht (mit 1 Textabbildung). S 6.70

1956 (S I Bd. 163):

Bernhauser A., Kann intravitaler Befall durch Bohrorganismen an fossilen Fischzähnen nachgewiesen werden? (mit 10 Textabbildungen). S 7.60

Thenius E., Zur Kenntnis der fossilen Braunbären (Ursidae, Mammal.) (mit 5 Textabbildungen und 1 Tafel). S 17.20

Thenius E., Die Suiden und Thayassuiden des steirischen Tertiärs. Beiträge zur Kenntnis der Säugetierreste des steirischen Tertiärs. VIII. (mit 31 Textabbildungen). S 25.—

1957 (S I Bd. 166):

Ehrenberg K., Berichte über Ausgrabungen in der Salzofenhöhle im Toten Gebirge. VIII. Bemerkungen zu den Ergebnissen der Sedimentuntersuchungen von Elisabeth Schmid. S 5.80

Schmid Elisabeth, Von den Sedimenten der Salzofenhöhle (mit 1 Textabbildung und 1 Beilage) S 14.—

Zapfe H. und Hürzeler J., Die Fauna der miozänen Spaltenfüllung von Neudorf a. d. M. (ČSR). Primates (mit 1 Tafel). S 10.20

1958 (S I Bd. 167):

Bakalow P., Kühn N. und Sachariewa K., Die Trias von Kotel (Ost-Balkan). I. Die unterkarnische Ammonitenfauna von Kotel (mit 4 Textabbildungen und 2 Tafeln). S 20.80

Bobies A. Carl, Bryozoenstudien III/2. Die Horneridae (Bryozoa) des Tortons im Wiener und Eisenstädter Becken (mit 3 Tafeln). S 20.70

Tiedt Liselotte, Die Nerineen der österreichischen Gosauschichten (mit 13 Textabbildungen und 3 Tafeln). S 29.60

1959 (S I Bd. 168):

Bachmayer F., Neue Crustaceen aus dem Jura von Stramberg (ČSR) (mit 2 Tafeln). S 13.50

Kühn O. und Pejović D., Zwei neue Rudisten aus Westserbien (mit 4 Textabbildungen und 4 Tafeln). S 17.80

Pokorny Gerhard, Die Actaeonellen der Gosauformation (mit 1 Textabbildung und 2 Tafeln). S 31.20

Fossile nicht-marine Mollusken-Faunen aus Nordchina

Von John T. C. Yen[1]

(Vorgelegt in der Sitzung am 8. März 1968)

Herrn Prof. Dr., Dr. h. c. mult. O. Kühn (Wien) zum 75. Geburtstag gewidmet

Mit 4 Tafeln

Inhalt

Summary 21
Einleitung und Danksagungen 22
Fossil-Schichten, deren Inhalt und ökologische Auswertung 24
Diskussion über das geologische Alter der Ablagerungen 31
Verteilung und Verwandtschaft der fossilen und rezenten Mollusken-
faunen 36
Systematische Übersicht der Mollusken-Arten 38
Zusammenfassung 61
Literatur (in Auswahl) 61

Summary

Eight collections of fossil non-marine mollusks from four different areas in Shantung and Shansi Provinces have been included in this work. One collection from the Kuan-Chuang Series exposed in the Meng-Yin Valley contains 20 identifiable species, and 16 of them were of terrestrial habitat. The fossil-enclosing beds were probably originated from a basin swamp at Upper Cretaceous times. Another collection of the Kuan-Chuang Series was made in the Lai-Wu Valley, where 6 species of gastropods

---

[1] Gastprofessor für Geologie (Paläontologie) der Taiwan Universität (1966 bis 1967). Professor emeritus; ehemals Chairman of the Department of Geology (1956—1966), Villanova University, Villanova, Pennsylvania, USA. — Die deutsche Übersetzung dieser Arbeit wurde von M. Tschugguel und H. Zapfe besorgt.

were found. These fossil-bearing beds probably represented a lacustrine sedimentation, where the water was about 15 to 20 meters in depth, and their age is probably also of late Cretaceous.

Five separate collections were made in the Yuan-Chu area in Shansi Province. The most fossiliferous locality yields 13 species of aquatic and terrestrial gastropods. These findings indicate that their enclosing beds were lake shoreward deposition at Eocene times. One collection was made from the Lou-Tze-Kou Series in the Pao-Teh area. It contains 7 species of mollusks of early Pliocene age, and the fossil beds possibly represented a local swamp area of a valley flat of fluviatile origin.

These collections yield a total record of 46 species of land and freshwater mollusks, which represented 32 genera in 21 families. 2 genera and 30 species are described here as new to paleontology. The findings of these fossil molluscan faunas demonstrate that their distribution in time is entirely consistent with that in space. Moreover, they show that the fossil faunas comprise, in each respective age, many indigenous elements of the land in addition to the forms of immigration at times from the neighboring continents.

Einleitung und Danksagungen

Diese Publikation umfaßt das Ergebnis der Bearbeitung von acht Kollektionen fossiler nichtmariner Mollusken, die von ANDERSSON, YAO, TAN, LIU und ZDANSKY zwischen 1921 und 1922 in den Provinzen Shansi und Shantung gesammelt worden waren. Das Vorkommen sedimentärer Gesteine kontinentaler Entstehung in großer Ausdehnung ist in verschiedenen Teilen von China bekannt und deren Fossilinhalte gelten als reichhaltig. Gleichwohl sind die Berichte über Chinas fossile nichtmarine Mollusken ebenso wie über andere Teile der Invertebraten-Faunen noch wenig zahlreich. Nur wenige Mollusken scheinen zu den post-kretazischen Faunen hinzugekommen zu sein, seit der Zusammenfassung durch den Autor im Jahre 1943.

Es scheint eine Tatsache zu sein, daß das Studium nichtmariner Ablagerungen und ihrer Fossilinhalte in manchen Teilen der Welt weitgehend vernachlässigt worden ist. Die Hauptursache dieser Vernachlässigung war offenbar in der Vergangenheit die irrige Vorstellung über deren wirtschaftlichen Wert. Man könnte es kaum anders erklären, als daß wirtschaftliche Rücksichten dafür maßgebend waren, daß die nichtmarinen Ablagerungen ungenügend und unvollkommen studiert wurden. So glaubten früher manche Erdöl-

Industrielle, daß marine Sedimente die ausschließlichen Ursprungs-Lager seien, die Petroleum produzieren würden, und die daher die Mühe der Ausbeutung wert wären. Doch wurde dieses Dogma später durch die Tatsache entkräftet, daß viele produzierende Felder als nichtmarinen Ursprungs erkannt wurden.

Es ist nicht Zweck dieser Arbeit, die wirtschaftliche Wichtigkeit der kontinentalen Ablagerungen herauszustellen, doch wurde offenbar, daß nichtmarine Ablagerungen in mehr als einer Hinsicht wirtschaftliche Bedeutung haben können. Diese Ergebnisse konnten natürlich nur durch beharrliche Forschungsarbeit erreicht werden.

Doch die vorliegende Studie will einem positiven Zweck dienen. Sie bringt einerseits Neues über nicht-marine Molluskenfaunen und möchte aber auch Interesse für die Fortsetzung solcher Arbeiten auf diesem weiten Forschungsgebiet hervorrufen. Vor allem benötigen wir authentische Beiträge auf diesem Gebiet aus verschiedenen Teilen der Erde. Die Ergebnisse solcher Studien sollen die notwendigen Daten für die Korrelation der kontinentalen Ablagerungen in einem weltweiten Ausmaß liefern. Eine derartige grundlegende Information wird auch für die geologische Arbeit der Montangeologie nützlich sein.

Anläßlich der Beendigung dieser Arbeit wünscht der Autor zu erwähnen, daß er seinem Freund, Professor N. H. ODHNER in Stockholm, für die Anregung zu dieser Arbeit und für sein stetes Interesse sehr zu Dank verpflichtet ist, ebenso auch für dessen Bemühung um die Förderung dieser Untersuchungen durch eine Forschungs-Subvention aus dem ,,Konung Gustaf VI Adolfs 70-års Fond". Überdies ist er gleichermaßen zu Dank verpflichtet Professor E. STENSIÖ und Professor K. LANG vom Naturhistoriska Riksmuseum in Stockholm, für die Überlassung eines Arbeitsplatzes und aller nötigen Behelfe, um diese Arbeit zum erfolgreichen Ende zu führen. Diese stellt einen Beitrag aus der Abteilung für Paläozoologie des Riksmuseum dar und alle hier beschriebenen Objekte werden in den Sammlungen dieser Abteilung aufbewahrt. Dank schuldet der Verfasser auch Professor S. O. HORSTADIUS von der Universität Uppsala und auch dem Nationalen Wissenschaftlichen Forschungsrat von Schweden für sein großes Interesse und eine großzügige Subvention für die Anfertigung der Abbildungen.

Schließlich kann der Autor nicht umhin, an dieser Stelle in schmerzlicher Trauer der hervorragenden geistigen Führung durch den verstorbenen Professor A. W. GRABAU zu gedenken, der in hohem Maße dazu beitrug, daß der Autor eine Laufbahn in der geologischen und biologischen Forschung eingeschlagen hat.

Fossil-Schichten, deren Inhalt und ökologische Auswertung

In dieser Arbeit sind die Aufsammlungen fossiler Mollusken aus vier Hauptgebieten enthalten: nämlich Meng-Yin Hsien und Lai-Wu Hsien in Shantung, Yuan-Chu Hsien und Pao-Teh Hsien in Shansi. Von diesen Aufsammlungen liegen nur wenige Detail- und spezifische Beobachtungen vor, ausgenommen die geographische Lage sowie Daten und Namen der Sammler. Augenscheinlich wurde die Mächtigkeit der meisten fossilführenden Schichten nicht gemessen: eine einzige Collection wurde möglicherweise in einem Profil von vielleicht mehreren hundert oder mehr Metern Mächtigkeit entnommen, oder verschiedene Mengen von Material wurden von einem Profil gesammelt, ohne im einzelnen die stratigraphischen Positionen zu untersuchen. Die vier Hauptgebiete werden in den folgenden Abschnitten behandelt:

I. Meng-Yin Hsien. Die brauchbare Information über diese Sammlung ist kurz: Meng-Yin Hsien (Kuan-Chuang), Shantung, 11.—12. Dezember 1922; ANDERSSON & TAN; südlich der Straße. Meng-Yin liegt 570 km südöstlich von Pao-Teh. Die hauptsächliche Informationsquelle ist die Arbeit von TAN (1923).

Diese fossilführenden Schichten bilden einen Teil der Kuan-Chuang-Serie. Nach TAN liegt ihre stratigraphische Position höher als die Meng-Yin-Serie der Unteren Kreide. Sie bestehen hauptsächlich aus roten Sanden, Ton und Konglomeraten, die gelbe und graue Sandsteine, Mergel und Kalksteine enthalten, gelegentlich mit dunkelgrauen kohligen Schiefern. Die zutage tretende Serie hat eine Mächtigkeit von 600 bis 1100 Metern und kann in drei Teile geteilt werden: der obere und untere Teil besteht aus Konglomeraten und roten Sanden und der mittlere Teil besteht aus Sandsteinen, Schiefern und mehreren Bändern von Mergeln und Kalksteinen. Schematische Profile werden bei TAN auf seinen Tafeln 2 und 3 gegeben, um die im Meng-Yin-Tal und anderwärts aufgeschlossene Serie zu illustrieren. Die genaue Lage dieses fossilführenden Aufschlusses ist wahrscheinlich nahe dem Dorf Kuan-Chuang, doch wurden für dieses fossilführende Profil keine Mächtigkeiten angegeben. Deshalb sind keine genauen Positionen der Fossil-Lagen in diesem Profil bekannt, außer daß sie sich im mittleren Teil der Serie befinden.

Die Mollusken-Reste kommen in grüngrauen bis lohfarbenen Mergeln und Mergelschiefern vor. Die Molluskenfauna ist reich an Arten und Individuen. Der Großteil der Mollusken besteht aus terrestrischen Gastropoden und nur 6 von 20 Species sind aquatische Formen.

Die bestimmbaren Species der Mollusken werden in der folgenden Liste gegeben:

Georissa plicatula n. sp.
Helicina shantungensis n. sp.
Cyclophorus sp. indet.
Pseudarinia sinensis n. sp.
Pseudarinia elongata n. sp.
Valvata menyiensis n. sp.
Palaeoleuca sinensis n. sp.
Lymnaea kuanchuangensis n. sp.
Physa aplexoides n. sp.
Pupilla shantungensis n. sp.
Pyramidula shantungensis n. sp.
Plectopyloides cretaceus n. gen. n. sp.
Plectopyloides shantungensis n. sp.
Ganeselloides marianus n. gen. nov. sp.
Ganeselloides sp. indet.
Zonitoides cretaceus n. sp.
Bradybaena sp. indet.
Cathaica sp. indet.
Pisidium cf. *P. laevigatum* (DESHAYES)

Außer einer reichen Molluskenfauna lieferte das Gestein stellenweise einige Ostracoden-Schalen und Knochenfragmente. Kohlige Spuren und Reste von Gefäßpflanzen zeigen wohl die frühere Existenz einer reichen Vegetation in der Gegend und in der Nachbarschaft an.

Die fossilführenden Schichten stammen möglicherweise aus einem sumpfigen Becken, welches oft nahe bei kleinen Seen vorkommt, wo das Wasser mehr oder weniger stagniert, oder am Rand eines größeren Sees, wo es durch eine natürliche Barriere geschützt war, so daß es von der Wellenbewegung nur wenig berührt wurde. Die Anhäufung organischen Materials in einem solchen Bereich bildete eine dicke Decke, und im Lauf der Zeit wurde das Becken mehr oder weniger mit feinen Sedimenten, zusammen mit halbzersetzten organischen Substanzen, aufgefüllt. Es verlandete allmählich soweit, daß es auch Bäume und andere Wald-Vegetation tragen konnte.

Solche Bedingungen waren günstig für die Existenz aquatischer und amphibischer Gastropoden. Die kleinen Formen von *Georissa*, *Pseudarinia*, *Palaeoleuca*, *Pupilla* etc., die stets zusammen mit Baumwurzeln und Moosen vorkommen, gediehen in dieser Umgebung. Zweifellos war der Wasserspiegel in diesen Bereichen hoch und er wurde möglicherweise durch Überschwemmungen und Regenfälle aufrecht erhalten. Wasser von Flüssen kann mehrere der größeren terrestrischen Gastropoden vom benachbarten Land hergetragen haben.

Der dunkelgraue Farbton des Gesteins, bedingt durch die Anwesenheit reicher organischer Substanz, scheint anzuzeigen, daß feuchtgemäßigte Klimabedingungen herrschten, unter welchen gewöhnlich solche Sumpfbecken vorkommen.

II. Lai-Wu Hsien. Die Lokalität liegt ungefähr 50 km nordwestlich von Meng-Yin. Die Aufsammlung stammt von ANDERSSON & TAN von Li-Chia-Cheng, ungefähr 18 Li NNW der Stadt Lai-Wu. Die fossilführenden Schichten stellen einen Teil der Kuan-Chuang-Serie dar, die stellenweise von der Meng-Yin-Serie und stellenweise von der Hsia-Kun-Lun-Serie im Lai-Wu-Tal unterlagert wird. Die vollständige Serie hat in diesem Tal eine maximale Mächtigkeit von 1670 Metern und wird ebenso wie die Meng-Yin-Serie in drei Teile gegliedert. Die Fossilien stammen aus dem Mittelteil und das einschließende Gestein sind lichte bis lohfarbene, massige oder gebankte Kalke. Der Fossilinhalt ist reich, doch die meisten Exemplare sind unvollständig oder nur in Form von Steinkernen erhalten. Die Aufsammlung liefert folgende Arten von Gastropoden:

Valvata sp. indet.
Amnicola laiwuensis n. sp.
Lioplacodes sinensis n. sp.
Lymnaea n. sp.
Gyraulus laiwuensis n. sp.
Carinulorbis sp. indet.

Außer den Gastropoden-Arten enthält das Gestein noch Ostracoden und Oogonia von Characeen. Zahlreiche Ostracodenschalen sind lokal auf gewisse Niveaus beschränkt, wo Molluskenreste selten vorkommen und stellenweise wurden nur wenige von ihnen gemeinsam mit Gastropoden gefunden. Lose Opercula sind sehr verbreitet und werden häufig in einer Schicht gefunden, wo andere Invertebraten fehlen oder selten sind. Kein Operculum wurde in der Apertur eines Gastropoden gefunden.

Augenscheinlich umfaßt die Collection die fossilführenden Gesteine mehrerer Niveaus im selben Profil. Dieser Umstand erschwert die ökologische Deutung der fossilführenden Schichten sehr. Immerhin waren diese wahrscheinlich Ablagerungen etwas tieferen Wassers. Die Sedimente wurden auf dem Grund, etwas unter der 15 bis 20 m-Tiefenlinie gebildet, wo das Wachstum größerer Gefäßpflanzen stark eingeschränkt war und die Begleitfauna gleicherweise reduziert war. Prosobranche und pseudobranche[2] Formen lebten in solchen Umwelts-Bedingungen. Die Anhäufung organischer Nahrungssubstanz und feiner Sedimente verwandelte im Laufe der Zeit den Grund in nährstoffreichen Schlamm, der für die Existenz von Ostracoden günstig war. Außerdem können die chemischen Faktoren der Wässer manchmal die Schalensubstanz der Mollusken zerstört haben, während ihre Opercula intakt blieben. Die zeitweisen Schwankungen der Umweltsbedingungen waren möglicherweise verantwortlich für den Wechsel der Biozönosen in verschiedenen Niveaus des Profils.

III. Yuan-Chu Hsien. Das ist der klassische Platz, den ANDERSSON zuerst 1916 besuchte und wo er eine fossilführende Schicht unter dem Löß fand. Auf der Grundlage der Mollusken-Funde, die ODHNER 1920 studierte, wurde diese fossilführende Schicht von ihm ins Eozän gestellt. Doch wurde ODHNERS Arbeit erst 1922 veröffentlicht. Zum erstenmal wurde Eozän in China nachgewiesen. Hernach besuchten ANDERSSON, YAO und andere Yuan-Chu wieder 1921, wo sie mehrere Aufsammlungen fossiler Mollusken von fünf verschiedenen Lokalitäten in der Nachbarschaft von Yuan-Chu und eine im Süden des Gelben Flusses in der Provinz Honan durchführten. Die Sammlung von ANDERSSONS Lokalität („River Section", Nordbank des Gelben Flusses unterhalb des Dorfes Chai Shang, im Südwesten von Yuan-Chu) wurde von ODHNER studiert. Sie enthält folgende Mollusken-Arten in seiner Original-Nomenklatur:

Planorbis pseudammonius SCHLOTHEIM
Planorbis pseudammonius var.
Planorbis sparnacensis DESHAYES
Planorbis chertieri DESHAYES
Planorbis sinensis ODHNER
Physa cf. *lamberti* DESHAYES
Euchilus deschiensianum DESHAYES (opercula)
Eupera sinensis ODHNER

Lokalität 2 liegt nahe Wan-Li Tsun, ungefähr 2 ½ km südwestlich von Yuan-Chu. Die Sedimente bestehen aus licht- bis blaugrauen unreinen sandigen Kalksteinen, stellenweise mit gelblichbraunen Flecken. Der Fossilinhalt ist im wesentlichen derselbe wie in Lokalität 1 und wird im folgenden angegeben:

Australorbis odhneri n. sp.
Planorbarius sinensis (ODHNER)

---

[2] Im Sinne von A. H. PILSBRY, z. B. *Planorbis, Lymnaea* etc.

Hippeutis chertieri (DESHAYES)
Lymnaea sp. indet.
Physa sinensis n. sp.

Eine andere Aufsammlung wurde durch LIU & ZDANSKY (Dezember 1921) ungefähr 2 Li SE von Chin-Lung-Shan-Miao und ½ km nördlich von Wan-Li Tsun durchgeführt. Diese Schicht enthält ähnliche Sedimente, aber sie ist bei weitem fossilreicher. Sie lieferte die folgende Liste von Mollusken-Arten:

Valvata sp. indet.
Fluminicola yuanchuensis n. sp.
Nystia shansiensis n. sp.
Nystia acutispira n. sp.
Palaeancylus shansiensis n. sp.
Succinea protevoluta n. sp.
Australorbis odhneri n. n.
Planorbarius sinensis (ODHNER)
Hippeutis chertieri (DESHAYES)
Gyraulus praesibericus n. sp.
Physa sinensis n. sp.
Lymnaea sp. indet.
Parmacellina cf. *P. vitrinaeformis* SANDBERGER

Die Vergesellschaftungen beider Aufsammlungen sind im wesentlichen ähnlich. Zu den Mollusken kommen zahlreiche unvollständig erhaltene Ostracodenschalen und einige Oogonia von Chara-ähnlichen Pflanzen zusammen mit kaum identifizierbaren Fragmenten von Molluskenschalen. Einige Stücke zerbrochener Knochen von Wasservögeln wurden in der zweiten Aufsammlung gefunden.

Lokalität 3 liegt ungefähr 3½ km im NW von Wan-Li Tsun und ⅓ km im NW von Nan P'o. Von dieser Lokalität steht keine Mollusken-Aufsammlung zur Verfügung.

Lokalität 4 liegt bei Hsi P'o ungefähr 4 km nördlich und etwas westlich von Yuan-Chu. Das fossilführende Gestein ist ein blauer bis braungrauer unreiner toniger Kalkstein. Er enthält eine ähnliche Mollusken-Gesellschaft einschließlich zahlreicher juveniler Individuen wie die Lokalitäten 1 und 2. Einige Individuen scheinen in einem besseren Erhaltungszustand an der verwitterten Oberfläche des Gesteins zu sein, dessen spröde Beschaffenheit das Auspräparieren loser Exemplare nicht gestattet. Die Gastropoden-Arten umfassen folgende Liste:

Valvata sp. indet.
Fluminicola yuanchuensis n. sp.

Palaeancylus shansiensis n. sp.
Australorbis odhneri n. sp.
Planorbarius sinensis (ODHNER)
Hippeutis chertieri (DESHAYES)
Physa sinensis n. sp.
Lymnaea sp. indet.

Lokalität 5 liegt nahe Chao-Chia-P'o ungefähr 2 km im SW von Lokalität 4. Das Gestein ist ein kalkiger Mergel von lichtem bis bläulichem Grau und stellenweise cremefarben. Er enthält folgende Gastropoden:

Valvata sp. indet.
Fluminicola yuanchuensis n. sp.
Australorbis odhneri n. sp.
Planorbarius sinensis (ODHNER)
Hippeutis chertieri (DESHAYES)
Physa sinensis n. sp.

Lokalität 6 liegt nahe bei Hao-Cheng Tsun, ungefähr 2 km nordwestlich von Lokalität 5 und ungefähr 6 km im NW von Yuan-Chu. Die Sedimente sind blaugraue kalkige Mergelschiefer. Der Fossilinhalt ist sehr spärlich in der Aufsammlung vertreten. Sie enthält einige unvollständig erhaltene Gastropoden, die als Species von *Australorbis* und *Physa* identifiziert werden können. Sie enthält ferner Fragmente von Opercula, die vielleicht zu einer *Amnicola*-ähnlichen Gruppe gehören und einige Stücke von Ostracoden-Schalen.

Es ist augenscheinlich, daß die brauchbaren paläontologischen Funde von fünf der sieben Lokalitäten ANDERSSONS alle mehr oder weniger homogene Vergesellschaftungen enthalten. Dies zeigt deutlich, daß diese lacustrinen Ablagerungen ungefähr gleiches geologisches Alter haben. Es ist kaum zu bezweifeln, daß dort früher ein großer See existierte, der möglicherweise einige hundert Quadratkilometer bedeckte, etwa in der Gegend des südlichsten Shansi und des nördlichsten Honan. Diese fossilführenden Schichten sind Ablagerungen dieses Sees.

Der Hauptteil der Mollusken-Elemente, sowohl an Individuen- wie Artenzahl, besteht aus aquatischen Pulmonaten. Bekanntlich war die Existenz solcher Gastropoden beinahe ausschließlich abhängig vom Vorhandensein einer üppigen Vegetation aquatischer Pflanzen, besonders der größeren Gefäßpflanzen. Dieses Zusammenleben der Pulmonaten und der aquatischen Vegetation war außerdem in der Regel beschränkt auf die Ränder von Seen, Tümpeln und ähnlichen Gewässern, wo die Wasserpflanzen gewöhnlich bis zu einer Tiefe von 10 bis 15 m wachsen.

Zahlreiche juvenile Individuen mehrerer Arten von *Physa* und *Planorbis* (s. l.) von obigen Lokalitäten zeigen an, daß es sich wahrscheinlich um Ablagerungen des ursprünglichen Lebensraumes dieser Vergesellschaftung handelt. Folglich können die fossilführenden Schichten wohl als Küsten-Ablagerungen dieses ehemaligen Sees angesehen werden, weil eine solche Faunengemeinschaft nur in der Küstenzone eines derartigen Gewässers existiert haben kann. Überdies konnten reiche Populationen nur in einem eutrophen See leben, wo die Nahrungssubstanzen sehr reichlich waren und dessen Grund sich vom Ufer in flacher Neigung absenkte. Reiche Zufuhr von Nahrungsstoffen sicherte eine hohe Rate biologischer Produktion. Alle diese Bedingungen trafen nur bei einem See in gemäßigtem bis tropischem Klima zusammen. Es scheint sicher zu sein, daß beides, Temperatur und Feuchtigkeit, viel höher waren und der Regen ergiebiger in der Gegend von Yuan-Chu war, als es heute dort der Fall ist. Dieser Schluß wird augenscheinlich erhärtet durch unsere Kenntnis von der Verteilung der Arten von *Australorbis* und *Biomphalaria* in der rezenten Fauna, wo sie jetzt nur in Zentral- und Südamerika und in Afrika bekannt sind.

IV. Pao-Teh Hsien. Die Aufsammlung fossiler Mollusken wurde ausgeführt von LIU & ZDANSKY nahe Kuan-Fu-Tze-Miao, Chung-Lou-Tze-Kou, ungefähr 18 Li NE dieser Stadt im nordwestlichen Shansi. Es liegt ungefähr 470 km nordwestlich in gerader Linie von Yuan-Chu. Von dieser Aufsammlung sind keine spezifischen Feldbeobachtungen verfügbar, und einige Informationen können der Arbeit von Dr. ZDANSKY (1923) entnommen werden. Die fossilführenden Schichten sind bekannt als Lou-Tze-Kou-Serie, die von Tonen überlagert wird, in welchen Hipparion-Reste vorkommen. Die fossilen Mollusken wurden möglicherweise von Schicht III oder Schicht V (ZDANSKY, l. c. S. 71) der Lou-Tze-Kou-Serie gesammelt, die nahe San-Tai-Kou, Chung-Lou-Tze-Kou, aufgeschlossen sind. Sie hat eine Mächtigkeit von 18,6 m. Doch erreicht die fossilführende Schicht an einer Stelle angeblich eine maximale Mächtigkeit von 25 bis 30 m. Überdies befinden sich dort, nach der Karte auf Tafel V (ZDANSKY, l. c.), zwei Tempel (Miao) nahe Chung-Lou-Tze-Kou, einer im Süden, einer im Westen dieses Dorfes. Einer der beiden Tempel muß der Kuan-Fu-Tze-Miao sein, wo die fossilen Mollusken gesammelt wurden, da diese Angabe der Sammlung beiliegt. Doch ist nirgends erwähnt, ob der Kuan-Fu-Tze-Miao nahe bei San-Tai-Kou liegt, wo die Mächtigkeit gemessen wurde. Das Gestein ist ein creme- bis lederfarbener, weicher kalkiger Mergel, der stellenweise grüngelbe Flecken aufweist. Der Fossilinhalt ist reich, aber meist nur durch Steinkerne vertreten, während die Schalensubstanz selten erhalten geblieben ist. Die Mollusken-Arten umfassen folgende Liste:

Lepidodesma cf. *L. ponderosa* ODHNER
Lymnaea paotehensis n. sp.
Lymnaea sp. indet.
Gyraulus pliosibericus n. sp.
Idahoella grabaui n. sp.
,,*Planorbis*" sp. indet.
Pupilla cf. *P. aeoli* (HILBER)

Außer den Mollusken-Arten enthält die Ablagerung auch Ostracodenschalen, fragmentäre Knochen und einige niedere Vertebraten, ferner reichlich Stücke von Blättern und Stengeln von Gefäßpflanzen. Einige Oogonia von Chara-ähnlichen Pflanzen wurden gefunden.

Diese fossilführende Schicht stellt möglicherweise eine küstennahe Bildung oder eine Ablagerung aus der Talebene eines Flusses dar. Möglicherweise handelt es sich auch um die Ablagerung aus einem lokalen Sumpfgebiet mit Baumwuchs nahe einem Gewässer mit geringer Wellenbewegung. Der Seichtwasserbereich nahe der Küste war günstig für einen reichen Pflanzenwuchs unter relativ häufigen Regenfällen. Feine Sedimente wurden auf dem Grund unter diesen Wasserpflanzen angehäuft, welche wieder günstige Umweltsbedingungen für die Existenz solch einer Faunen-Vergesellschaftung boten.

Diskussion über das geologische Alter der Ablagerungen

Nach der vorher gegebenen Reihenfolge liegt das zuerst besprochene Gebiet nahe bei Meng-Yin Hsien in Shantung, wo die Kuan-Chuang-Schichten im Tal aufgeschlossen sind. Die Kuan-Chuang-Serie liegt an der Typus-Lokalität über dem unterkretazischen Meng-Yin. Nur der mittlere Teil eines Profils von 600 bis 1100 m liefert reiche Aufsammlungen von Mollusken und anderer organischer Überreste und die fossilführenden Schichten sind von der Meng-Yin-Serie durch eine mächtige Ablagerung von losem Konglomerat und roten Sanden getrennt.

Die Altersbestimmung der Kuan-Chuang-Schichten wurde nie ernstlich erwogen. Gleichwohl wurden von Zeit zu Zeit Meinungen laut: einige stellen diese Schichten ins Eozän, andere datieren sie als Eozän bis Oligozän.

Nach TAN (1923, S. 117) wird die Kuan-Chuang-Serie auf Grund der ,,Fossilien, welche Mammalia, Gastropoden, Reptilien und Fischknochen umfassen, ... fraglos als dem Eozän angehörend" betrachtet. Auch konstatiert er später (S. 120), daß ,,nach den fossilen Inhalten diese Serie oder zumindest ein Teil davon sicher dem Eozän angehört und in diese Epoche zu stellen ist". Im späteren Teil dieser Arbeit (S. 134) stellt er fest, daß das Wen-ho-Konglomerat der oberste Teil der Kuan-Chuang-Serie sei, welche, 1 Li NE der Stadt Hsin Tai, mit einem Bruch an den Tai-Shan-Komplex und -Breccie grenzend gefunden wurde, was auch an weiteren Stellen der Bruchlinie der Fall ist. Dieser Bruch, wie er später feststellt, ,,könnte aus dem Oligozän oder dem Miozän datieren".

ANDERSSON (1923, S. 145), der zusammen mit TAN in dieser Gegend arbeitete, erklärte, daß ,,das Alter dieses Systems augenscheinlich Eozän sei". Er sagte weiter, ,,das sehr häufige Vorkommen der Ku Yuan Gastropoden verbindet es mit den oben erwähnten Schichten von Ku Yuan in Kansu und auch mit dem Eozän von Yuan-Chu Hsien in Shansi". Über seine ,,Ku Yuan Gastropoden" konstatiert er (S. 144), daß ,,in Ku Yuan Hsien eine gering mächtige Kalkschicht gefunden wurde ... die reichlich Schalen und Opercula eines kleinen Gastropoden enthielt, den ich als möglicherweise identisch mit einer Art des Yuan-Chu Eozäns erkannte ... Diese Identifizierung wurde voll bestätigt durch meine kürzlichen Beobachtungen in Shantung, wo der ‚Ku Yuan Gastropode' das Leitfossil der reichlich fossilführenden Schichten ist." Es ist also sein sogenanntes Leitfossil, der ,,Ku Yuan Gastropode", durch Opercula eines ,,kleinen Gastropoden" repräsentiert.

Das Vorkommen fossiler Opercula von Gastropoden ist nicht ungewöhnlich. Sie sind bekannt von der Unter-Kreide durch das Tertiär bis zum Pleistozän. Der Autor hat einige guterhaltene Opercula aus den unterkretazischen Kootenai-Schichten in Montana beschrieben und einige von ihnen wurden innerhalb der Apertur der Schalen in ihrer natürlichen Position gefunden. Überdies zeigt das Operculum selten Züge von spezifischer Klarheit, obwohl sie doch dazu dienen könnten, um generische oder höhere Kategorien in systematischen Studien zu unterscheiden. Über die Opercula dieser Aufsammlungen wird im systematischen Teil dieser Arbeit berichtet werden.

Die nahezu vollständig neuen Mollusken-Elemente der Kuan-Chuang-Schichten, aufgeschlossen im Meng-Yin-Tal, haben keine unmittelbare Bedeutung für die Bestimmung des Alters dieser Schichten. Jedoch verdienen mehrere Punkte einer Erörterung.

Erstens zeigen mehrere Arten der Gastropoden generische Beziehung zu den rezenten Formen, aber ihre Mehrheit ist merklich verschieden und nahezu vollständig neu. Zweitens zeigen einige der Arten Ähnlichkeit mit charakteristischen Formen aus wohlbekannten Straten in Nordamerika und Europa. Drittens sind diese Mollusken-Arten bestimmt verschieden von den Süßwasser-Mollusken, die aus Schichten in tieferer stratigraphischer Position beschrieben wurden, zum Beispiel aus der Meng-Yin-Serie der Unterkreide in diesem Gebiet. Und viertens fehlen hier die Mollusken von Yuan-Chu und dem Pao-Teh-Gebiet eindeutig. Demzufolge ist die Kuan-Chuang-Serie im Meng-Yin-Tal weder eine Eozän- noch Miozän-Ablagerung, noch kann sie so alt sein wie die Meng-Yin-Serie. Wegen der vorwiegenden Vergleichbarkeit mit den Genera und Species, die aus den europäischen und nordamerikanischen unterkretazischen bis paleozänen Schichten bekannt sind und auf Grund der oben zusammengefaßten Tatsachen, wird hier vorgeschlagen, die Kuan-Chuang-Serie vorläufig in die Oberkreide zu stellen.

Mehrere Gastropoden aus den Kuan-Chuang-Schichten des Lai-Wu-Tales sind congenerisch mit einigen, aus den Yuan-Chu-Schichten bekannten Species. Derartige Beziehungen sind aber bei Süßwasser-Mollusken häufig und können nicht als Hinweis auf ähnliches geologisches Alter gewertet werden. Die Süßwasser-Molluskengattungen, wie *Lymnaea*, *Physa*, „*Planorbis*", *Valvata* etc., haben allgemein eine große stratigraphische Reichweite. Gleichalterige Ablagerungen sollten einige identische Species enthalten, in einer Entfernung wie von Süd-Shansi nach Ost-Shantung. Es ist sehr wahrscheinlich, daß diese Lai-Wu-Schichten keine Eozän-Ablagerungen sind.

Anderseits scheint es klar zu sein, daß die Kuan-Chuang-Serie im Lai-Wu-Tal nicht äquivalent zu der im Meng-Yin-Tal ist. Wenn die Ablagerungen im nahezu gleichen Alter an zwei nur ca. 50 km voneinander entfernten Stellen gebildet wurden, sollten, trotz der wahrscheinlichen Verschiedenheit der ökologischen Bedingungen und der Sedimentation, zumindest einige der Süßwasser-Molluskenarten gemeinsam sein. In den vorliegenden Kollektionen wurden keine solchen Formen gefunden. Jedoch schließt ein derartiger Unterschied nicht den Vorschlag aus, diese Schichten beide in dieselbe Periode, nämlich in die Oberkreide, zu stellen.

Jede Einstufung dieser Schichten innerhalb der Oberkreide wird abhängen von: 1. systematischen Sammlungen von Fossilien aus verschiedenen Niveaus im Profil. 2. authentischen Berichten über ihre besondere stratigraphische Position und 3. sorgfältigen Vergleichsstudien der Funde. Solche systematische Forschungen werden uns also im Ergebnis befähigen, zu sagen, ob diese fossilen Lager in der Oberkreide älter oder jünger sind als jene, die im Meng-Yin-Tal aufgeschlossen sind.

Der dritte betrachtete Fundplatz liegt nahe Yuan-Chu Hsien in der Provinz Shansi. Es wurde anderswo erwähnt (YEN, 1943), daß auf Grund von Molluskenfunden ODHNER das fossilführende Gestein klar als altersgleich mit dem Lutétien in Nordfrankreich und Westdeutschland erkannte. Eine Gruppe von riesigen Planorbiden bekräftigt diese Altersbestimmung. Spätere Studien über die Verteilung der nahe verwandten und congenerischen Species *Helicites pseudoammonius* SCHLOTHEIM 1820, die erstmalig von OEYNHAUSEN 1825 zu *Planorbis* gestellt wurde, haben ODHNERS Altersbestimmung dieser Schichten wesentlich unterstützt.

Außer den zahlreichen Berichten aus Frankreich, Deutschland, der Schweiz und Spanien bezüglich des Nachweises des verbreiteten Vorkommens von *Planorbis pseudoammonius* und seiner Unterarten in Schichten des Lutétien, gibt es Mitteilungen über dessen congenerische Species von MEEK (1860) und YEN (1946) für *Planorbis utahensis* und *P. spectabilis* aus der eozänen Bridger Formation in Wyoming in Nordamerika und von EAMES (1952) für *Planorbis kohaticus* aus den eozänen Unteren Chharat-Schichten des Kohat-Distriktes in West-Punjab in Pakistan. Alle diese Beschreibungen wurden auf mehreren Exemplaren aufgebaut, um die Genauigkeit und Zuverlässigkeit der Identifizierung zu sichern.

Überdies wurde die Altersbestimmung der fossilführenden Schichten der Yuan-Chu-Fundstelle später von YOUNG (1937) durch die Vertebraten-Funde aus derselben Gegend bekräftigt. Die Bestimmung des Eozän-Alters der Bridger-Formation beruhte ursprünglich auf dem Nachweis von Vertebraten-Resten, wobei auch diese riesigen Gastropoden beschrieben wurden. Die Unteren Chharat-Schichten im Kohat-Distrikt wurden in Pakistan als Eozän angesehen, bevor *Planorbis kohaticus* beschrieben worden war. Versuche der Altersbestimmung von verschiedenen Ablagerungen in verschiedenen Teilen der Erde, wo diese großen Gastropoden gefunden wurden, haben bezeichnenderweise zum selben stratigraphischen Ergebnis geführt.

Die Mollusken-Vergesellschaftungen, die im vorherigen Abschnitt von fünf Lokalitäten im Yuan-Chu-Fundgebiet beschrieben wurden, enthalten genau identische Gastropoden-Arten. *Australorbis odhneri* (*Planorbis pseudammonius* ODHNER, non SCHLOTHEIM) wurde in allen Aufsammlungen dieses Fundgebietes gefunden. Es ist deshalb klar, daß die betreffenden Ablagerungen alle in derselben Zeit gebildet wurden. Die Schichten aus dem Lutétien in Europa werden allgemein als Vertreter des mittleren bis unteren Eozän angesehen, die Bridger Formation in Nordamerika als mittleres Eozän, und die Unteren Chharat-Schichten in Pakistan gehören dem unteren Teil des mittleren Eozäns an. Folglich scheint wenig Zweifel zu bestehen, daß die fossilführenden Schichten im Yuan-Chu-Fundgebiet aus dem Eozän stammen. Welchem Teil des Eozän gehören sie an? Sind sie altersgleich dem Lutétien, dem Bridger oder dem Unteren Chharat? Diese Fragen können nur durch künftige Studien über interkontinentale Beziehungen nichtmariner Schichten beantwortet werden.

Das Alter der Fossil-Schichten im Pao-Teh-Fundplatz ist problematischer. Die Moluskenarten sind schlecht erhalten, aber sie sind erkennbar als vollständig verschieden von jenen, die auf dem Yuan-Chu-Fundort gefunden wurden. Beide, Gastropoden und Pelecypoden, zeigen einige Ähnlichkeit mit den lebenden Verwandten in Nordchina. Überdies scheinen die Species von *Physa* — ein verbreitetes Süßwasser-Genus — in dieser Serie offenbar zu fehlen, aber sie sind in den Yuan-Chu-Schichten gut vertreten. Bekanntlich ist dieses Genus hier in der Gegenwart vollständig erloschen. Sogar die holarktischen Species von *Physa* sind nur auf die Mongolei und Mandschurei beschränkt und sonst wird weiter südlich nichts von ihnen berichtet. Anderseits zeigen die Bivalven dieser Schichten Ähnlichkeit mit congenerischen Arten der San Men-Serie, die mit einigen lebenden Formen des Yangtze-Tales nahe verwandt sind. Die Molluskenfauna zeigt deshalb, daß das Alter dieser Bildungen jung ist — wahrscheinlich spätes Tertiär.

Überdies sind die Fossil-Schichten, wie dies an zwei Punkten sichtbar ist, überlagert von Tonen, in denen die flachlandbewohnenden Hipparionen gefunden wurden. Aber die Verhältnisse einer solchen lokalen Überlagerung können durchaus keine ausreichende Basis für die Erörterung der Altersfrage bilden. Sehr wahrscheinlich ist, daß die Lou-Tze-Kou-Serie einem unteren Teil des *Hipparion*-Tons entspricht, und sie kann eine verschiedene ökologische Phase der Ablagerung repräsentieren. Überdies ist es bekannt, daß die gut definierte Tung Gur-Formation im Norden allgemein als Miozän gilt. Sie enthält auch eine Süßwasser-Molluskenfauna, von der aber in dieser Serie kein Element gefunden wurde. Dieser Unterschied sollte es genügend klar machen, daß die Fossil-Schichten der Lou-Tze-Serie nicht mit den miozänen Tung Gur-Schichten altersgleich sind. Infolgedessen ist der logische

Schluß berechtigt, daß diese Ablagerungen im Pao-Teh-Gebiet wahrscheinlich der Pontischen Stufe des frühen Pliozäns angehören.

Verteilung und Verwandtschaft der fossilen und rezenten Molluskenfaunen

Die Diskussion über den Gegenstand ist natürlich auf den Bereich beschränkt, aus dem Fossilien in dieser Arbeit beschrieben sind. Es muß festgehalten werden, daß die fossile Dokumentation hier sehr dürftig und daher unzureichend ist. Die Daten über die rezenten nichtmarinen Molluskenfaunen in China sind ebenfalls bei weitem nicht vollständig. Folglich muß der Nachdruck bei der Untersuchung eines so interessanten Problems auf einen Gesichtskreis eingeschränkt werden, in welchem genug verwertbare Tatsachen ein Ergebnis erwarten lassen. Unter den gegebenen Voraussetzungen scheint es wünschenswert, die Diskussion in folgender Weise zweizuteilen.

Zuerst sollten wir prüfen, inwieweit jede der Faunen, welche hier aus verschiedenen Zeitaltern überliefert sind, mit solchen ähnlichen Alters in anderen Regionen übereinstimmen. Beide Faunen aus der Kuan-Chuang-Serie in Shantung — obwohl sie deutlich voneinander verschieden sind — zeigen eine bestimmte Annäherung an mehr oder weniger zeitgenössische Faunen in Europa und Nordamerika. So gibt es nahe verwandte Arten einiger seltener, charakteristischer Genera in der Kuan-Chuang-Serie, wie *Lioplacodes, Pseudarinia, Palaeancylus, Palaeoleuca, Eostrobilops* usw., die aus Oberkreide bis Paleozän in benachbarten Kontinenten bekannt sind. Es gibt auch in den Yuan-Chu-Eozän-Schichten Verwandte von *Nystia, Australorbis* und *Parmacellina*, die aus dem Lutétien von Frankreich und Westdeutschland gut bekannt sind. Es ist sehr wahrscheinlich, daß sich solche Elemente durch Wanderung ausgebreitet haben. Für die Immigration aus einer Gegend in die andere müßte wegen der weiten Entfernung eine gewisse Zeitdifferenz zugebilligt werden. Dieses Zugeständnis ist nötig, da sie entweder von einem Verbreitungsgebiet in das andere kamen oder in beide aus einem dritten einwanderten. Unter solchen Umständen scheinen die vorliegenden Verhältnisse wohl anzuzeigen, daß die zeitliche Verteilung dieser Faunen gut mit der räumlichen in der Paläogeographie übereinstimmt.

Anderseits sollten wir nun auch die Frage betrachten, ob die hier beschriebenen fossilen Faunen mit den rezenten Faunen dieses Gebietes in Einklang stehen. Mit anderen Worten, ob sie einheimisch sind oder nicht.

China erstreckt sich in Ostasien über ein weites Gebiet, wovon der nördliche Teil in der Zoogeographie allgemein als der paläarktischen und der südliche Teil als der orientalischen Region zugehörig angesehen wird. Es gibt keine großmaßstäbliche systematische Übersicht über die Invertebraten im allgemeinen und über die Mollusken im besonderen, die je veröffentlicht wurde. Nur zerstreute, unvollständige Berichte über die Zoogeographie sind bisher vorhanden. Wie vorhin erwähnt, wurden die in vorliegender Arbeit untersuchten Aufsammlungen fossiler Mollusken in den Provinzen Shantung und Shansi durchgeführt. Die beiden Provinzen grenzen aneinander, doch sind ihre natürlichen Bedingungen beträchtlich voneinander verschieden. Shantung ist größtenteils eine Halbinsel, welche die südliche Seite der Peichihli-Bay abgrenzt. Der östliche Teil der Provinz, in dem sich die Fossillagerstätten befinden, besitzt kahles Hochland im Norden und mehrere örtliche Becken im Süden. Der Westen der Provinz bildet einen Teil der großen Nordchinesischen Ebene. Shansi ist hingegen ein Plateau im Westen der Tai-Hang-Bergkette, wo die Nordchinesische Ebene zu größerer Höhe ansteigt: ein Flachland im südöstlichen Teil, ein Becken in der Zentralregion und gebirgige Gegenden im Westen und Norden der Provinz. Solche landschaftliche Unterschiede sollten ausgeprägte Spuren in der Verteilung ihres animalischen Lebens bedingen. Doch fehlen bis jetzt die grundlegenden Untersuchungen. Ohne derartige Information ist ein Vergleich der fossilen und rezenten Faunen und ihrer Verwandtschaft nahezu unmöglich. Doch mögen einige Hinweise aus den vorhandenen Unterlagen mitgeteilt werden.

In mehreren seiner früheren Arbeiten hat der Autor, auf Grund der vorhandenen Aufsammlungen aus verschiedenen Teilen von China, gezeigt, daß die rezente nichtmarine Molluskenfauna Nordchinas einen intermediären Charakter zwischen den paläarktischen und orientalischen Faunen aufweist. Eine Anzahl von Arten, die in den nördlichen Provinzen vorkommt, wurde auch im Yangtze-Tal und weiter südlich jenseits des Flusses gefunden. Manche Formen sind verwandt mit jenen in Zentralasien und Nordindien und mehrere Arten sind in Europa und Sibirien verbreitet. Die aquatische Fauna — mit einiger lokaler Verschiedenheit — zeigte wie überall, einen weiten Verbreitungsbereich. Bei den terrestrischen Elementen finden sich besondere Verhältnisse. Die Land- Operculaten, die im Yangtze-Tal und im Süden sehr reichlich sind, fehlen hier völlig; so fehlen hier weitgehend Vertreter der Clausiliidae, Corillidae, Pleurodontidae und Streptaxidae. Arten der Enidae sind durch Unterarten in den nördlichen und westlichen Provinzen besser vertreten. *Bradybaena* besitzt im Norden einige Arten, aber weit mehr Formen im südlichen und westlichen Teil des Landes. *Cathaica*, anderseits besitzt die Mehrzahl ihrer Arten im Norden und Westen, aber nur einige im Süden.

Am fossilen Material zeigen sich verschiedene Formen der Verteilung. Am wichtigsten ist, daß sowohl die aquatischen wie die terrestrischen Operculaten in den fossilen Faunen gut vertreten erscheinen und daß die aquatischen Pulmonaten die Mehrheit in den Aufsammlungen bilden. *Physa* ist in dem Gebiet seit dem späten Tertiär ausgestorben, war aber dort früher nicht selten. Ferner hatten die Vorläufer der riesigen Planorbiden, *Australorbis*, ihre Verbreitung in Nordamerika, Europa und Nordasien. Die rezente Art des Genus kommt jetzt in Zentral- und Südamerika[3] vor und ihre nahen Verwandten in Afrika. Verwandte Genera und Arten der subtropischen Fauna finden sich hier in der nördlichen Region schon in so ferner Vergangenheit wie der Oberkreide. Doch scheint es klar zu sein, daß alle Verschiedenheiten in der Art der Verbreitung, wie sie in den verschiedenen Zeitaltern gefunden wurden, weitgehend mit der allgemeinen Tendenz zur Kontinuität vereinbar sind. Es geht dies in ausreichender Deutlichkeit aus dem Umstand hervor, daß zu jeder Zeit die Fauna durch viele einheimische Elemente repräsentiert war, neben zeitweisen Einwanderern aus anderen Gebieten.

Systematische Übersicht der Mollusken-Arten

Familie Hydrocenidae
    Georissa plicatula n. sp.
Familie Helicinidae
    Helicina shantungensis n. sp.
Familie Cyclophoridae
    Cyclophorus sp. indet.
    Pseudarinia sinensis n. sp.
    Pseudarinia elongata n. sp.
Familie Valvatidae
    Valvata menyinensis n. sp.
    Valvata cf. *V. leopoldi* BOISSY
    Valvata sp. indet.
Familie Viviparidae
    Lioplacodes sinensis n. sp.
Familie Amnicolidae
    Amnicola laiwuensis n. sp.

[3] vgl. Fig. 110—112

Fluminicola yuanchuensis n. sp.
Nystia shansiensis n. sp.
Nystia acutispira n. sp.
Familie Ellobiidae
Palaeoleuca sinensis n. sp.
Familie Lymnaeidae
Lymnaea kuanchuangensis n. sp.
Lymnaea n. sp.
Lymnaea sp. indet.
Lymnaea paotehensis n. sp.
Familie Planorbidae
Gyraulus laiwuensis n. sp.
Gyraulus praesibericus n. sp.
Gyraulus pliosibericus n. sp.
Hippeutis cf. *H. chertieri* (DESHAYES)
Australorbis odhneri n. sp.
Planorbarius sinensis (ODHNER)
Carinulorbis sp. indet.
Idahoella grabaui n. sp.
„*Planorbis*" sp. indet.
Familie Ancylidae
Palaeancylus shansiensis n. sp.
Familie Physidae
Physa shantungensis n. sp.
Physa aplexoides n. sp.
Physa sinensis n. sp.
Familie Succineidae
Succinea protevoluta n. sp.
Familie Pupillidae
Pupilla shantungensis n. sp.
Pupilla cf. *P. aeoli* (HILBER)
Pyramidula shantungensis n. sp.
Familie Strobilopsidae
Eostrobilops sinensis n. sp.
Familie Testacellidae
Parmacellina cf. *P. vitrinaeformis* SANDBERGER
Familie Corrilidae
Plectopyloides cretaceus n. gen., n. sp.
Plectopyloides shantungensis n. sp.
Familie Pleurodontidae
Ganeselloides marianus n. gen., n. sp.
Ganeselloides sp. indet.
Familie Bradybaenidae

Bradybaena sp. indet.
Cathaica sp. indet.
Familie Zonitidae
Zonitoides cretaceus n. sp.
Familie Anodontidae
Lepidodesma cf. *L. ponderosa* ODHNER
Familie Sphaeriidae
Pisidium cf. *P. laevigatum* (DESHAYES)

Familie Hydrocenidae

Georissa plicatula n. sp.
Fig. 1 (Holotypus)

Das Gehäuse, bestehend aus vier bis fünf rundlichen und sanft konvexen Windungen, zeigt einen rissoiden Umriß. Der Apex tritt mit zwei konvexen Windungen hervor, die dem Protoconch entsprechen. Das Anfangsstadium des Gehäuses ist deutlich von den folgenden Umgängen durch den eine Grenze bildenden abrupten Wechsel der Skulptur auf der sichtbaren Oberfläche verschieden. Die Skulptur auf dem Protoconch besteht aus schwachen spiraligen Linien, die nur auf gut erhaltenen Stücken beobachtet werden können, sonst erscheint er glatt. Die Oberfläche der folgenden Umgänge trägt eine dünne, deutlich faltenähnliche Berippung mit schwächeren Zuwachsstreifen in den Zwischenräumen. Die Apertur ist im Umriß oval, ganzrandig, mit verdicktem Außen- und Innenrand, die Innenlippe bedeckt den Nabel.

Maße: Höhe des Gehäuses: 2,8 mm, dessen Breite: 2,0 mm;
Höhe der Mündung: 1,5 mm, deren Breite: 1,0 mm;
5 Umgänge.

Arten von *Georissa* BLANFORD und deren verwandte Genera sind in der paläarktischen Region weit verbreitet, doch nur in der rezenten Fauna vertreten. Vier Stücke in der Sammlung der Meng-Yin-Fundstelle zeigen Merkmale dieses Genus, dessen rezente Arten aus Süd- und Ostchina erwähnt werden. Unsere derzeitige Kenntnis der fossilen Fauna ist zu spärlich, um auf dieser generischen Bestimmung negative Schlußfolgerungen zu begründen.

Familie Helicinidae

Helicina shantungensis n. sp.
Fig. 2—4 (Holotypus)

Das Gehäuse hat trochoiden Umriß und besteht aus sechs Umgängen: deren erster scheint glatt und rundlich konvex zu sein, während die folgenden nahezu flach sind und deutliche gerippte Wachstumslinien auf der sichtbaren Oberfläche tragen. Die Naht ist etwas canaliculat, aber nicht tief.

Die Schlußwindung ist außen leicht gewinkelt, an der Basis etwas konvex. Die Apertur ist pyriform, nach vorne absteigend. Der Mundrand ist geschlossen, die Außenlippe dünn und einfach, der Innenrand schwielig verdickt. Die Schwiele bedeckt die Nabelgegend.

Maße: Höhe des Gehäuses: 6,0 mm, dessen Breite: 3,0 mm; Höhe der Mündung: 2,5 mm, deren Breite: 2,2 mm; 6 Umgänge.

Es scheint wünschenswert, gegenwärtig das Genus *Helicina* i. w. S. für diese fossile Art zu verwenden, welche die Merkmale von *Geophorus* FISCHER, *Hendersonia* und *Heudeia* WAGNER besitzt und bei der noch kein Operculum gefunden wurde. Fossile Funde von *Helicina* und verwandter Genera wurden aus der Oberkreide, aus dem Alttertiär bis in das Miozän von Nordamerika und Europa bekannt. Mehrere Genera rezenter Helicinidae wurden aus verschiedenen Teilen Chinas südlich des Yangtze-Flusses beschrieben. Diese fossile Art zeigt einige Ähnlichkeit mit *Sphaeroconia hungerfordiana* (MOELLENDORFF).

Familie Cyclophoridae

Cyclophorus sp. indet.
Fig. 5—6

Diese unbestimmbare Form wird durch mehrere schlecht erhaltene Stücke in der Aufsammlung aus dem Meng-Yin-Gebiet vertreten. Die rasch anwachsenden, stark konvexen Umgänge und die abgesenkte Mündung, zusammen mit dem trochoiden Umriß, erinnern an mehrere rezente Arten von *Cyclophorus* MONTFORT, welche häufig im Süden des Yangtze-Flusses gefunden werden. Doch kann dieser Fossilfund nur durch besser und vollständiger erhaltene Exemplare sicher eingereiht werden. Eine andere fragliche Form von *Cyclophorus* wurde von GRABAU 1923 aus der Wang-Shih-Serie aus dieser Gegend von Shantung mitgeteilt.

Pseudarinia sinensis n. sp.
Fig. 7 (Holotypus)

Das Gehäuse ist links gewunden, von geringer Größe und eng genabelt. Der Apex ist rund und hervortretend, und die Anfangswindung scheint glatt zu sein. Die folgenden Umgänge sind sanft

konvex, allmählich an Größe zunehmend, mit feinen Zuwachslinien auf der Oberfläche. Die Umgänge sind unter der Naht leicht schulterförmig abgesetzt und an der Basis der Schlußwindung etwas verengt. Die Mündung ist im Umriß oval ganzrandig und trägt eine gutentwickelte Falte am Rand der stark verdickten Innenlippe.
Maße: Höhe des Gehäuses: 1,5 mm, dessen Breite: 0,6 mm; Höhe der Mündung: 0,5 mm, deren Breite: 0,3 mm; 5 Umgänge.

Diese Art gleicht *Pseudarinia uniplica* YEN, die aus den cenomanen Bear-River-Schichten von Wyoming, Nordamerika, beschrieben wurde. Doch unterscheidet sie sich durch ihre geringere Schalengröße mit fast einer Windung mehr. Sie besitzt einen schmäleren Umriß, und die Stellung der Falte ist etwas höher als die bei *P. uniplica*. Sie unterscheidet sich auch von *P. pupilla* und *P. convexa*, die aus Nordamerika beschrieben wurden, durch ihren schmäleren Umriß und die geringere Größe, bei gleicher Anzahl der Windungen.

Pseudarinia elongata n. sp.
Fig. 8—9 (Holotypus)

Diese Art unterscheidet sich von der vorhergehenden durch ihre größeren Dimensionen und ihren verlängerten Umriß. Sie besteht aus ungefähr sechs Windungen, die unter der Sutur stumpf, aber vorspringend geschultert sind. Die Columellarfalte[4]) ist schräger gestellt und befindet sich auf dem unteren Teil der Innenlippe.
Maße: Höhe des Gehäuses: 2,2 mm, dessen Breite: 0,8 mm; Höhe der Mündung: 0,8 mm, deren Breite: 0,4 mm; 6 Umgänge.

Familie Valvatidae

Valvata menyinensis n. sp.
Fig. 10—11 (Holotypus)

Das Gehäuse ist von geringer Größe, planorboid im Umriß und weit genabelt. Die Windungen wachsen rasch an, sind rundlich konvex und zeigen deutliche Zuwachslinien. Die Naht ist infolge der Konvexität der Windungen tief eingedrückt. Die Schlußwindung ist erweitert und nach vorne absinkend. Die Mündung ist nahezu kreisförmig im Umriß, kaum an die vorletzte Windung angeheftet und am Rand schwach ausladend.

---

[4] Anmerkung der Übersetzer: Bezüglich der Terminologie der morphologischen Elemente des Mundrandes (Falten etc.) sei auf die ausführlichen Erläuterungen verwiesen in MOORE, R. C. (ed.), Treatise on Invertebrate Paleontology. Part I, Mollusca 1 (Lawrence 1960), Seite 118, Fig. 73.

Maße: Höhe des Gehäuses: 1 mm, dessen Breite: 2,5 mm;
Höhe der Mündung: 0,7 mm, deren Breite: 0,7 mm;
3 Umgänge.

Die Art gleicht *Valvata praecursoris* (WHITE), die aus der Oberkreide von Nordamerika beschrieben wurde, doch unterscheidet sie sich durch ihre geringere Größe und die zur Apertur abgesenkte, stärker erweiterte Schlußwindung.

Valvata cf. *V. leopoldi* BOISSY
Fig. 12

Zwei Stücke in der Aufsammlung aus dem Lai-Wu-Gebiet ver-vertreten eine Art von *Valvata*, doch sind diese Stücke als Steinkerne erhalten, die keine klaren Merkmale zur speziellen Bestimmung aufweisen. Die Größe und Zahl der Windungen ist gleich jenen von *Valvata leopoldi* BOISSY, einer Art, die aus dem Paleozän von Frankreich beschrieben wurde, doch besitzen die Lai-Wu-Exemplare eine höhere Spira.

Valvata sp. indet.

Drei unvollständig erhaltene Stücke von Lokalität 2 der Yuan-Chu-Fundstelle scheinen eine andere Art von *Valvata* zu repräsentieren. Sie unterscheidet sich deutlich von der vorhergehenden Form aus dem Lai-Wu-Gebiet, durch ihren mehr trochoiden Umriß und die höhere Spira. Doch kann die spezifische Zugehörigkeit bei diesen schlecht erhaltenen Exemplaren nicht bestimmt werden.

Familie Viviparidae

Lioplacodes sinensis n. sp.
Fig. 13—17 (Fig. 14 Holotypus)

Das Gehäuse ist breit oblong im Umriß, tief genabelt und hoch getürmt. Die Spira ist ungefähr so hoch wie die Schlußwindung, die sehr erweitert ist und nach vorn absinkt. Der Apex ist spitz und hoch, wenn vollständig erhalten, doch ist er gewöhnlich abgeworfen. Die Windungen sind rundlich konvex, unter der Naht leicht geschultert; die älteren nehmen allmählich und die späteren schnell an Größe zu. Die Mündung ist ganzrandig. Die Außenlippe und der columellare Rand sind etwas umgeschlagen, die Innenlippe ist dünn.

Maße: Höhe des Gehäuses: $+18,0$ mm, dessen Breite: 8,2 mm;
Höhe der Mündung: 9,6 mm, deren Breite: 5,5 mm;
$+5$ Umgänge.

Diese Art unterscheidet sich von *Lioplacodes tenuicarinatus* (MEEK & HAYDEN) und *L. marianus* YEN aus der paleozänen Fort Union-Formation in Montana, Nordamerika, durch ihre mehr rundlich konvexen und geschulterten Umgänge der Spira, stärker ererweiterte Schlußwindung und tiefer eingeprägte Sutur. Einige Stücke besitzen einen breiteren Gehäuseumriß und eine mehr erweiterte Endwindung.

Familie Amnicolidae
Amnicola laiwuensis n. sp.
Fig. 18—20 (19—20 Holotypus)

Das Gehäuse ist von geringer Größe und hat konisch eiförmigen Umriß. Die Umgänge sind sehr konvex gerundet und unter der Naht etwas geschultert. Die Endwindung ist erweitert und etwas höher als die Spira. Die Apertur ist absinkend im Umriß pyriform, und scheint, soweit an einigen unvollständigen Stücken zu sehen, ganzrandig zu sein.

Maße: Höhe des Gehäuses +4,6 mm, dessen Breite: 3,2 mm; + 3 Umgänge.

Diese Art gleicht *Amnicola nysti* BOISSY aus dem Thanétien von Frankreich, doch unterscheidet sie sich durch ihre niedrigere Spira, breiteren Umriß und größere Dimensionen. Die meisten der Stücke der Aufsammlung sind mehr oder weniger verdrückt, und mehrere Abdrücke lassen die Form des Gehäuses besser erkennen. Die Skulptur ist jedoch nirgends zu beobachten.

Vielleicht sollte hier noch bemerkt werden, daß zahlreiche Gastropoden-Opercula in manchen Niveaus dieses Profils im Lai-Wu-Tal gesammelt wurden. Diese Opercula wurden nicht mit Gehäusen zusammen gefunden. Es scheint jedenfalls sicher zu sein, daß diese Opercula nicht vom Typus *Amnicola* sind. Sie sind zu groß, um zu *Amnicola laiwuensis* zu passen und zu klein für *Lioplacodes sinensis*. Die durchschnittliche Größe dieser Opercula ist 4 mm Höhe und 3 mm Breite. Sie sind pyriform, mäßig dick, und ihr Nucleus ist paucispiral, sub-zentral gegen den unteren Rand, der konzentrisch verdickt ist. Der *Bithynia*-Typus des Operculums besteht aus mehreren konzentrischen Platten (vgl. Fig. 108—109).

Fluminicola yuanchuensis n. sp.
Fig. 21—22 (Holotypus)

Das Gehäuse hat globose Form, niedrige Spira und eine bauchige Endwindung. Die Umgänge nehmen schnell an Größe zu, sind leicht geschultert, rundlich konvex und tragen feine, doch deutliche Zuwachslinien. Die nach vorn absinkende Apertur hat eiförmigen Umriß und ist ganzrandig.

Maße: Höhe des Gehäuses: 4,5 mm, dessen Breite: 4,0 mm;
Höhe der Mündung: 2,2 mm, deren Breite: 2,8 mm;
5 Umgänge.

Diese Art kommt in Lokalität 2 des Yuan-Chu-Gebietes vor. Der allgemeine Umriß der Schale ähnelt *Fluminicola protea* YEN aus der paleozänen Fort Union-Formation in Montana, Nordamerika, unterscheidet sich jedoch von dieser Art bei nur halber Größe durch den Besitz eines weiteren Umganges. Außerdem ist die Spira höher und die Endwindung mehr aufgebläht.

Mehrere Opercula wurden in derselben Schicht gefunden. Sie sind vom Typus *Bithynia*, der sich von den im Lai-Wu-Gebiet gefundenen deutlich unterscheidet. Ein größeres Exemplar dieser Opercula ist 3,5 mm hoch und 2,5 mm breit und ist damit größer als die Mündung von *Fluminicola yuanchuensis*. Es ist sicher, daß sie zu einer Form gehören, die bisher noch unbekannt ist (Fig. 107).

Nystia shansiensis n. sp.
Fig. 23—24 (Holotypus)

Das Gehäuse ist mäßig dick in der Substanz, schmal-länglich im Umriß, tief genabelt. Die Spira ist hoch getürmt, allmählich spitz gegen den Apex zulaufend, der gewöhnlich abgeworfen ist. Die Umgänge sind sanft konvex, allmählich an Größe zunehmend und unter der Naht leicht eingeschnürt. Diese Einschnürung erscheint als verdickte Spirallinie. Die Oberfläche ist durch deutliche Zuwachslinien gekennzeichnet und auf der Außenseite der Schlußwindung rundlich konvex. Die Apertur ist absteigend, etwas aufgebläht, oval und ganzrandig. Die Außenlippe ist in Form einer Rippe verdickt, und die ebenfalls verdickte Innenlippe ist gut ausgeprägt.

Maße: Höhe des Gehäuses: +5,0 mm, dessen Breite: 2,5 mm;
Höhe der Mündung: 2,0 mm, deren Breite: 1,5 mm;
+ 4 Umgänge.

Die Größe und allgemeine Gestalt dieser Art gleicht *Nystia microstoma* (DESHAYES) aus dem Lutétien von Frankreich. Doch unterscheidet sie sich von dieser Art durch den Besitz mehr konvexer Umgänge, einer spiraligen verdickten Linie unter der Naht und einer stark verdickten Innenlippe.

Nystia acutispira n. sp.
Fig. 25 (Holotypus)

Das Gehäuse ist von geringerer Größe und schmälerem Umriß. Die Spira verjüngt sich gegen den Apex zu schneller, und die Schlußwindung ist stärker abgesenkt und weniger aufgebläht. Die Umgänge sind unter der Naht leicht geschultert und zeigen ausgeprägte, aber feine Wachstumslinien. Die Apertur ist schmal länglich und wäre im unbeschädigten Zustand wahrscheinlich ganzrandig.

Maße: Höhe des Gehäuses: +3,0 mm, dessen Breite: 1,4 mm; Höhe der Mündung: 1,5 mm, deren Breite: 1,0 mm; +4 Umgänge.

Mehrere Exemplare fanden sich in der Aufsammlung, zwei davon in der Matrix erhalten. Eines von diesen ist mit *Fluminicola yuanchuensis* vergesellschaftet. Es unterscheidet sich von der vorhergehenden Art durch die geringere Größe, den subfusiformen Umriß, die stärker absteigende und weniger aufgeblähte Schlußwindung.

Familie Ellobiidae

Palaeoleuca sinensis n. sp.

Fig. 26—27 (Fig. 26 Holotypus)

Die Schnecke ist von winziger Größe, suboval im Umriß und seicht genabelt. Die Spira ist spitz-kegelig, nahezu gleich an Höhe oder etwas höher als die Endwindung. Diese ist etwas aufgebläht und außen rundlich konvex. Der Apex ist vorspringend, und die Umgänge sind sanft konvex, unter der canaliculaten Naht etwas geschultert. Die älteren Umgänge nehmen allmählich, die jüngeren schneller an Größe zu. Die Apertur hat herzförmigen Umriß und ist im oberen Teil verengt. Die Außenlippe scheint einfach zu sein, und der Innenlippenrand trägt zwei hervortretende und gut entwickelte Falten, von denen sich die eine in der Mitte der Innenlippe, die andere am columellaren Rand befindet. Die obere Falte ist viel größer als die columellare.

Maße: Höhe des Gehäuses: 1,4 mm, dessen Breite: 0,4 mm; Höhe der Mündung: 0,4 mm, deren Breite: 0,5 mm; 6 Umgänge.

Diese Art unterscheidet sich von *Palaeoleuca remiensis* (BOISSY), welche aus einem Süßwasserkalk von Rilly-la-Montagne bei Reims, Frankreich, beschrieben wurde, durch ihre weniger konvexen Umgänge, schmälere Apertur und viel mehr hervortretende und stärkere Falten.

Beurteilt nach der Zahl der in der Collection befindlichen Stücke, scheint diese Art in dieser Schicht häufig zu sein. Die Breite des Gehäuses scheint eher veränderlich zu sein, einige Exemplare besitzen einen schmäleren Umriß.

Familie Lymnaeidae
Lymnaea kuanchuangensis n. sp.
Fig. 28—29 (Holotypus)

Das Gehäuse ist oval bis kugelig im Umriß, dünn und eng genabelt. Die Spira besitzt ungefähr eineinhalbmal die Höhe der Endwindung. Die Umgänge nehmen rasch an Größe zu, sind sanft konvex und längs der Naht scharf abgegrenzt. Die Oberfläche trägt feine Zuwachslinien. Die Endwindung ist stark erweitert, außen und an der Basis rundlich konvex. Die Apertur ist seitlich absinkend mit ovalem Umriß. Die Mündung ist ganzrandig, der obere Teil des columellaren Randes etwas umgeschlagen.

Maße: Höhe des Gehäuses: 10,5 mm, dessen Breite: 7,5 mm; Höhe der Mündung: 7,0 mm, deren Breite: 6,2 mm; 3 ⅓ Umgänge.

Diese Art ist wahrscheinlich verwandt mit der *Radix cucunorica*-Gruppe, einer rezenten, von MOELLENDORF aus Tsing-Hai beschriebenen Art; doch ist sie durch ihre weniger vorspringende und viel niedrigere Spira leicht zu unterscheiden.

Lymnaea n. sp.

Der große Gastropode ist im Umriß länglich oval. Die Spira ist ungefähr so hoch wie die Endwindung, hoch getürmt und gegen den Apex scharf zugespitzt. Die Umgänge sind jedoch konvex, unterhalb der Naht etwas geschultert und zeigen starke Zuwachslinien. Die Schlußwindung ist erweitert, außen rundlich konvex und gegen die Basis verengt. Beurteilt nach einem jugendlichen Exemplar ist die Apertur im Umriß oval, seitlich abgesenkt, und die etwas erweiterte Innenlippe bedeckt den Nabel.

Maße: Höhe des Gehäuses: 17,0 mm, dessen Breite: 8,8 mm; ca. 5 Umgänge.

Diese Art ist eindeutig von der vorhergehenden verschieden, durch ihren *stagnalis*-ähnlichen Umriß. Während der vergangenen Jahrzehnte haben die Zoologen anerkennenswerte Forschungen unternommen — besonders auf dem Gebiet der Anatomie und Ökologie —, um die große Variabilität der Schalenform der Lymnaeidae zu zeigen. Beim Studium der fossilen Arten von *Lymnaea* ist daher große Vorsicht nötig. Doch scheinen die Unterschiede sowohl zwischen *L. kuanchuangensis* und *Lymnaea* n. sp., als auch bei den rezenten Arten eindeutig zu sein, bei denen es keine Schwierigkeit in der Unterscheidung von *L. auricularis* und *L. stagnalis* gibt. — Eine Benennung dieser neuen Art ist derzeit mangels einer Abbildung nicht möglich. Sobald diese vorliegt, wird der Name „Lymnaea protostagnalis" vorgeschlagen werden.

Lymnaea sp. indet.
Fig. 31—32

Aus Lokalität 2 des Yuan-Chu-Gebietes gibt es zwei schlecht erhaltene Stücke, welche diese unbestimmbare Art von *Lymnaea* repräsentieren. Das Gehäuse ist von geringer Größe und im Umriß oval länglich. Die Spira ist niedrig, viel kleiner als die Endwindung. Ein größeres Exemplar ist 5,2 mm hoch und 3,7 mm breit.

Lymnaea paotehensis n. sp.
Fig. 33—37 (Fig. 34 Holotypus)

Das Gehäuse ist globos-eiförmig, groß und dünnschalig. Die Spira ist niedrig, konisch geformt und besitzt ca. ein Viertel der Höhe der Schlußwindung. Die älteren Umgänge nehmen langsam und die späteren rasch an Größe zu und tragen starke Zuwachslinien. Die Endwindung ist stark erweitert und rundlich konvex. Die Apertur ist abgesenkt und ganzrandig. Der Innenlippenrand ist in der Mitte leicht gedreht. Ein Stück von durchschnittlicher Größe ist 26,5 mm hoch und 17,5 mm breit.

Alle Exemplare sind unvollständig erhalten, und in den meisten Fällen liegt nur die Endwindung vor. Nur ein einziges Exemplar besitzt die vollständige Mündung. Die vorhandenen Merkmale scheinen anzuzeigen, daß diese Art zur Gruppe *L. auricularia* gehören könnte.

Familie Planorbidae

Gyraulus laiwuensis n. sp.
Fig. 38—40 (Fig. 38—39 Holotypus)

Das Gehäuse hat die mittlere Größe dieser Gattung, im Umriß discoidal, auf der Oberseite perspektivisch eingesenkt. Die Umgänge nehmen rasch an Größe zu und sind leicht konvex; die jüngeren erheben sich etwas über die apikalen. Die Endwindung ist seitlich aufgebläht und entlang der Peripherie stumpfwinkelig. Die Apertur ist im Umriß schräg oval, etwas abgesenkt und schief, ganzrandig und leicht konvex an der Basis.

Maße: Höhe des Gehäuses: 2,0 mm, dessen Breite: 5,2 mm;
Höhe der Mündung: 1,5 mm, deren Breite: 1,8 mm;
3 Umgänge.

Ein größeres Stück mißt 7,5 mm im Durchmesser und hat 3 Umgänge. Die meisten Exemplare sind unvollständig erhalten, einige als Steinkerne, deshalb ist die Skulptur nicht gut erkennbar. Die Art scheint häufig zu sein und ist leicht von der folgenden durch ihre größeren Dimensionen und den mehr discoidalen Umriß zu unterscheiden.

Gyraulus praesibericus n. sp.
Fig. 41—43 (Fig. 41 Holotypus)

Das Gehäuse ist von geringer Größe und nur die apicale Seite ist erhalten, doch scheint es niedrig (zusammengedrückt) gewesen zu sein. Die Umgänge wachsen mäßig rasch in die Breite, sind schwach konvex und tragen ausgeprägte, feine Zuwachslinien. Einige Stücke zeigen deutlich die feine Streifung auf der Oberfläche. Die Schlußwindung ist kaum erweitert und längs der Peripherie stumpf gekielt. Die Schnecke besitzt etwa 3 ½ Umgänge bei einem Durchmesser von 2,5 mm.

Diese Stücke wurden in Lokalität 2 des Yuan-Chu-Gebietes gefunden. Es gleicht der rezenten Art der *Gyraulus sibericus*-Gruppe, die in verschiedenen Teilen Nordasiens häufig vorkommt. Doch ist diese Art viel kleiner und längs der Peripherie stumpf geknickt.

Gyraulus pliosibericus n. sp.
Fig. 44—45 (Fig. 44 Holotypus)

Das Gehäuse ist größer als bei der vorhergehenden Art, aber kleiner als *G. laiwuensis*. Die Umgänge nehmen mäßig an Größe zu, sind leicht konvex und tragen feine Zuwachslinien. Die Apertur ist schräg und sanft konvex am Basalrand. Das Gehäuse mißt 4,0 mm im Durchmesser und hat ca. 4 Umgänge.

In der Lou-Tze-Kou-Serie im Pao-Teh-Gebiet wahrscheinlich eine häufige Art, doch alle vorhandenen Exemplare sind schlecht erhalten und die meisten zeigen nur die apikale Ansicht.

Hippeutis chertieri (DESHAYES)
Fig. 46—48

Eine Anzahl von Stücken wurde in Lokalität 2 des Yuan-Chu-Gebietes gefunden, und sie mögen mit dieser eozänen Art identifiziert werden. Das Gehäuse ist von geringer Größe und besitzt ca. 4 leicht konvexe Umgänge. Die periphere Kielung ist ausgeprägt, Zuwachslinien und spirale Streifen sind gut sichtbar.

Australorbis odhneri n. sp.
Fig. 49—50 (Holotypus)
1922: *Planorbis preudammonius* ODHNER, (non SCHLOTHEIM), Taf. I, Fig. 1—4

Das Gehäuse ist groß, besteht aus leicht konvexen Umgängen, die mit Ausnahme des letzten langsam an Breite zunehmen. Die Art gleicht *A. pseudammonius* (SCHLOTHEIM) in ihrer allgemeinen Form, unterscheidet sich jedoch durch größeren Umfang bei geringerer Anzahl von Windungen und ihre breiteren Umgänge, die weniger rasch anwachsen. Die typische Form von *A. pseudammonius* besitzt ca. 8 Umgänge bei einem Durchmesser von 30,0 mm. Exemplare aus verschiedenen Lokalitäten in Europa zeigen eine Schwankungsbreite von 6 bis 7 Umgängen und 24,0 bis 28,0 mm Durchmesser. Ein großes Stück aus Lokalität 5 im Yuan-Chu-Gebiet besitzt mehr als 6 Umgänge bei einem Durchmesser von 31,0 mm. Ein Exemplar von Lokalität 3 hat ca. 5 Umgänge bei einem Durchmesser von 26,0 mm. Das abgebildete Stück stammt von Lokalität 2 und besitzt 4 Umgänge und einen Durchmesser von 16,0 mm und stellt offenkundig ein Jugendstadium dar.

Auf Grund der Ähnlichkeit in den morphologischen Merkmalen und der weiten Verbreitung vieler Genera der Planorbidae, scheint es folgerichtig zu sein, diese riesigen Planorbiden aus den eozänen Schichten von Europa, Nordamerika und Asien zur gleichen Gattung zu stellen. *Australorbis* PILSBRY (für *Planorbina* DALL 1905, non HALDEMAN 1843) scheint das nächste Genus zu sein, dem diese eozänen Arten einzuordnen sind. Kürzliche Untersuchungen an Planorbidae durch Mr. WATSON (1954) und Doktor HUBENDICK (1955) haben die nahe Verwandtschaft von *Australorbis* und *Biomphalaria*, *Planorbarius* und *Helisoma* gezeigt, deren Verbreitung von Südamerika bis Afrika und von Europa bis Nordamerika reicht. Eine derartig weite geographische Verbreitung wird leichter verständlich, wenn man die lange geologische Vorgeschichte in Betracht zieht.

Planorbarius sinensis (ODHNER)
Fig. 51—53

Diese Art ist durch ihren hervorragenden Apex, die Linkswindung, die geringe Größe ihrer älteren Umgänge und die rasch erweiterte Schlußwindung leicht erkennbar. Zahlreiche Exemplare von Lokalität 3 des Yuan-Chu-Gebietes stimmen gut mit dieser Art überein. Obwohl sie von geringer Größe ist (5,5 mm im Durchmesser und 4½ Umgänge), besitzt sie die Merkmale von *Plan-*

orbarius, deren rezente Arten in der Paläarktischen Region weit verbreitet sind. Fossile Funde sind vom Bartonien bis in Pontische Schichten in verschiedenen Teilen Europas bekannt.

Carinulorbis sp. indet.
Fig. 54

Eine Anzahl unvollständig erhaltener Stücke und äußerer Abdrücke aus der Lai-Wu-Gegend zeigt Ähnlichkeit mit *Carinulorbis planospiralis* YEN, mit ihrer mehr oder weniger abgeflachten Spira und stark gekielten Windungen. Sie besitzt ca. 4 Umgänge und einen Durchmesser von 5 mm. Doch erlaubt der schlechte Erhaltungszustand dieser Exemplare keine endgültige spezifische Bestimmung.

Idahoella grabaui n. sp.
Fig. 55 (Holotypus)

Das Gehäuse ist von geringer Größe und wird von rasch anwachsenden Windungen gebildet. Die Oberfläche trägt charakteristische Kiele, die unter der Sutur einzeln und auf der Außenseite der Endwindung doppelt auftreten. Das abgebildete Stück besitzt etwas mehr als 4 Umgänge bei einem Durchmesser von 4 mm, und ein größeres Stück mißt 13,5 mm im Durchmesser mit 5½ Umgängen.

Diese Art wurde in der Lou-Tze-Kou-Serie des Pao-Teh-Gebietes gefunden. Sie gleicht *Idahoella multicarinata* YEN aus der Idaho-Formation in Nordamerika und *I. slavonica* (BRUSINA) aus den Levantinischen Schichten der Balkanstaaten. Doch unterscheidet sich diese Art von beiden durch die geringere Zahl der Kiele.

„*Planorbis*" sp. indet.
Fig. 56—57

Eine Anzahl von schlecht erhaltenen Stücken wurde in der Lou-Tze-Kou-Serie gefunden und kann gegenwärtig nur als unbestimmbare Form von „*Planorbis*" erkannt werden. Doch mögen künftige Studien ihre genauere Stellung ermitteln.

Familie Ancylidae

Palaeancylus shansiensis n. sp.
Fig. 58—61 (Fig. 60 Holotypus)

Das Gehäuse hat die Form einer Napfschnecke, schmal oval im Umriß und dünnschalig. Der Apex ist augenscheinlich linksgewunden, leicht gebogen, subzentral gegen den hinteren Rand zu gelegen und trägt eine charakteristische grübchenartige, kleine, aber gut abgezeichnete Vertiefung in der apikalen Fläche. Die Gehäuse-Oberfläche ist leicht konvex, am Mundrand links etwas eingezogen (entsprechend der rechten Seite des Betrachters). Die Skulptur besteht aus feinen, aber deutlich konzentrischen Zuwachsstreifen, die von Radiallinien gekreuzt werden. Die Radiallinien sind auf dem älteren Drittel der Schalenoberfläche mehr ausgeprägt und auf dem jüngeren Gehäuseteil nur angedeutet. Die Länge des Gehäuses ist 3,4 mm und dessen Breite 2,3 mm.

Mehrere Stücke wurden in der Lokalität 2 des Yuan-Chu-Gebietes gefunden, und ihr Vorkommen ist anscheinend nicht selten. Diese Art gleicht *Palaeancylus radiatus* YEN, der aus dem Paleozän, der Fort Union-Formation, von Montana in Nordamerika beschrieben wurde. Doch unterscheidet sie sich durch ihre geringere Größe und die Radiallinien sind auf dem älteren Teil der Gehäuseoberfläche stärker ausgebildet.

Familie Physidae
Physa shantungensis n. sp.
Fig. 62—65 (Fig. 62 Holotypus)

Das Gehäuse ist für das Genus relativ klein, im Umriß länglich oval, die Spira ist ungefähr gleich hoch wie die Endwindung. Die Umgänge sind leicht konvex, die früheren allmählich und die späteren rasch an Größe zunehmend und unter der Sutur schwach geschultert. Die Schlußwindung ist kaum erweitert, abgesenkt und an der Basis verjüngt. Die Apertur ist bogenförmig, am hinteren Ende schmäler. Die Nabelöffnung ist schmal und ziemlich tief.

Maße: Höhe des Gehäuses: +3,0 mm, dessen Breite: 3,7 mm;
Höhe der Mündung: 3,7 mm, deren Breite: 1,5 mm;
+5 Umgänge.

Diese Stücke wurden in der Kuan-Chuang-Serie des Meng-Yin-Tales gefunden. Die Art hat einen breiteren Umriß und geringere Größe als *Physa lamberti* (DESHAYES), ihre Spira ist niedriger, und die Umgänge sind leicht geschultert. Sie unterscheidet sich auch von *Physa globosa* YEN aus den oberkretazischen Schichten Nordamerikas durch ihre größeren Dimensionen und ihre weniger globose Form.

Physa aplexoides n. sp.
Fig. 66 (Holotypus)

Das Gehäuse ist schmal länglich im Umriß und von geringer Größe. Die Spira ist hoch, gegen den Apex allmählich spitzer werdend und höher als die Endwindung. Die Umgänge sind kaum konvex, etwas geschultert, die älteren langsam, die beiden letzten Windungen schneller an Größe zunehmend. Die Oberfläche trägt feine, aber deutliche Zuwachslinien. Die Schlußwindung ist kaum erweitert, gegen die Apertur abgesenkt. Der Mundrand ist dünn.

Maße: Höhe des Gehäuses: 4,3 mm, dessen Breite: 2,8 mm; 4 ½ Umgänge.

Diese Art wurde, wie die vorhergehende, in der Kuan-Chuang-Serie im Meng-Yin-Tal gefunden. Sie unterscheidet sich von dieser merklich durch ihren schmäleren Umriß, die höhere Spira und die weniger konvexen Umgänge.

Physa sinensis n. sp.
Fig. 67—68 (Fig. 67 Holotypus)

Das Gehäuse ist für das Genus von mittlerer Größe, von oval globoser Form. Die Spira ist konisch erhaben, viel kürzer als die Endwindung. Die Umgänge sind kaum konvex, wahrscheinlich 4 an der Zahl, wenn vollständig, tragen deutliche Wachstumslinien und nehmen rasch an Größe zu. Die Schlußwindung ist leicht erweitert und an der Basis verjüngt. Die Apertur ist pyriform im Umriß und am Hinterende verengt. Der Columellar-Rand ist ziemlich verdickt und leicht gedreht, wie es an einem besser erhaltenen Stück zu sehen ist.

Maße: Höhe des Gehäuses: +9,0 mm, dessen Breite: 5,0 mm; Höhe der Mündung: 6,5 mm, deren Breite: 3,0 mm; die letzten 2 ½ Umgänge sind erhalten.

Diese Stücke wurden in Lokalität 2 des Yuan-Chu-Gebietes gefunden und sind alle schlecht erhalten. Doch sind sie deutlich von *Physa lamberti* (DESHAYES) aus dem Paleozän (Sparnacien) von Frankreich, durch ihre geringere Größe, niedrigere Spira und breiteren Umriß verschieden. Diese Art ist entschieden größer als die beiden vorhergehenden aus der Kuan-Chuang-Serie.

Familie Succineidae

Succinea protevoluta n. sp.
Fig. 69 (Holotypus)

Das Gehäuse ist oval länglich im Umriß, dünnschalig und für die Verhältnisse dieses Genus mittelgroß. Die Spira hat ca. ¼ der Gesamthöhe des Gehäuses und ist viel kleiner als die Endwindung. Die Umgänge nehmen rasch an Größe zu, sind konvex und tragen feine Zuwachslinien. Die Endwindung ist abgesenkt und etwas aufgebläht. Die Apertur ist im Umriß fast oval, oben verschmälert, im unteren Teil ziemlich verlängert. Die äußere Lippe ist dünn und einfach, der seitliche Rand ist kurz und der columellare Rand relativ lang und nahezu gerade.

Maße: Höhe des Gehäuses: +5,5 mm, dessen Breite: 3,4 mm;
Höhe der Mündung: 4,0 mm, deren Breite: 2,0 mm;
± 3 Umgänge.

Unter den wenigen fossilen Überresten von *Succinea* in frühtertiären Schichten kann diese Art mit *Succinea palliolum* SANDBERGER aus dem deutschen Lutétien verglichen werden. Doch unterscheidet sie sich durch ihre höhere Spira, engere Schlußwindung und nahezu geraden columellaren Mundrand.

Familie Pupillidae

Pupilla shantungensis n. sp.
Fig. 70 (Holotypus)

Das Gehäuse ist klein, zylindrisch, länglich oval im Umriß und eng genabelt. Der Apex ist stumpf und hervortretend, die Umgänge nehmen allmählich an Höhe zu und sind schwach konvex. Die Naht ist deutlich eingeprägt, und die Oberfläche trägt gut sichtbare Zuwachslinien. Die Endwindung ist abgesenkt und an der Basis verjüngt. Die Mündung ist klein, halbkreisförmig, an der Außenlippe etwas eingezogen. Die parietale Wand ist ziemlich dünn und der columellare Rand kurz und schräg. Die „Zähne" sind nicht sichtbar, doch ist ihr Vorhandensein durch die Einziehung der Außenlippe angedeutet, wie man auf der Oberfläche nahe der Apertur sehen kann.

Maße: Höhe des Gehäuses: 2,4 mm, dessen Breite: 1,3 mm;
Höhe der Mündung: 0,6 mm, deren Breite: 0,5 mm;
6½ Umgänge.

Nur ein Exemplar besitzt eine guterhaltene, mit Sediment gefüllte Mündung. Jedenfalls kennzeichnen es der zylindrische Umriß, der hervortretende Apex, die dicht gewundenen Umgänge und der enge Umbilicus als Art von *Pupilla*. — Diese Stücke wurden in der Kuan-Chuang-Serie im Meng-Yin-Tal gefunden.

Pupilla cf. *P. aeoli* (HILBER)

Ein einziger Abdruck wurde in der Lou-Tze-Kou-Serie des Pao-Teh-Gebietes gefunden. Größe und allgemeine Gestalt nähern sich dieser Art. Es ist eine Andeutung von „Zähnen" innerhalb der Apertur vorhanden, doch kann dies nicht sicher festgestellt werden. Wenn mehr und besser erhaltene Exemplare gefunden würden, könnte sich ihre artliche Verschiedenheit von dieser pleistozänen Spezies aus dem Löß Nordchinas herausstellen.

Pyramidula shantungensis n. sp.
Fig. 71 (Holotypus)

Das Gehäuse ist sehr klein, im Umriß niedrig-konisch, besitzt einen hervorragenden, gerundeten Apex und eine hohe Spira. Die Umgänge sind stark konvex gewölbt, allmählich an Größe zunehmend, mit gut eingeprägter Naht. Die Schlußwindung ist außen stumpf gewinkelt und an der Basis leicht konvex. Die Apertur ist abgesenkt, im Umriß oval und nahezu ganzrandig. Der Umbilicus ist mäßig weit und gut sichtbar.

Maße: Höhe des Gehäuses: 0,8 mm, dessen Breite: 0,9 mm; Höhe der Mündung: 0,4 mm, deren Breite: 0,5 mm; 3 Umgänge.

Die geringe Größe und die allgemeine Gestalt, die röhrenförmigen Umgänge, deren Einrollung, die Mündung und der offene Nabel, all dies scheinen Kennzeichen einer *Pyramidula* zu sein, deren Arten bisher aus dem Eozän bis Pliozän Europas bekannt sind. Keines dieser Stücke aus der Kuan-Chuang-Serie im Meng-Yin-Tal hat seine Skulptur erhalten, weshalb diese generische Bestimmung als provisorisch betrachtet werden muß.

Familie Strobilopsidae

Eostrobilops sinensis n. sp.
Fig. 72—74 (Fig. 73 Holotypus)

Das Gehäuse ist sehr klein, abgeflacht und suboval im Umriß. Die Spira ist nahezu flach: der Apex ist gerundet und der folgende Umgang schwach konvex, allmählich an Größe zunehmend, mit einer eingeprägten Naht und mit feinen Zuwachslinien. Die Endwindung ist seitlich erweitert und außen stumpf gewinkelt. Die Mündung ist schräg und abgesenkt. In der Außenwand sind „Zähne" vorhanden: eine columellare und drei basale Falten[5], außerdem eine palatale Falte nahe der Sutur. Der Nabel ist mäßig weit und offen. Ein größeres Stück mißt 2,2 mm im Durchmesser mit 3½ Umgängen, und ein kleineres Exemplar mißt 0,5 mm an Schalenhöhe, 1,7 mm an Breite mit 3 Umgängen.

Zahlreiche Exemplare wurden in der Kuan-Chuang-Serie im Meng-Yin-Tal gefunden. Ihr Vorkommen ist nicht selten. Die Mündung ist im allgemeinen mit Matrix aufgefüllt, doch sind die

---

[5] Vgl. Fußnote auf Seite 42.

Falten gut gekennzeichnet durch die an der Schlußwindung nahe der Apertur sichtbaren Vertiefungen. Diese Art ist durch ihre niedrigere Spira, geringe Größe und weiteren Nabel gekennzeichnet.

Familie Testacellidae

Parmacellina cf. *P. vitrinaeformis* SANDBERGER

Ein einziges Stück wurde in Lokalität 2 des Yuan-Chu-Gebietes gefunden. Größe, allgemeine Gestalt und die sehr kleine Spira ähneln dieser Art, die aus dem Lutétien von Europa beschrieben wurde. Das Exemplar ist jedoch zu schlecht erhalten, um es genau zu bestimmen. Diese Art ist gekennzeichnet durch ihre geringe Größe, ohrenförmigen Umriß, kleine Spira, im Gegensatz zu einer weit ausladenden Endwindung. Die Schlußwindung macht beinahe das ganze Gehäuse aus, das an der Oberfläche nahezu flach ist, mit einem kurzen und schmalen columellaren Rand.

Es ist eine ziemlich ungewöhnliche und charakteristische Form. Sie wurde erst selten beschrieben und ist deshalb bemerkenswert.

Familie Corillidae

Plectopyloides n. gen.

Gehäuse niedrig mit mehr oder weniger erhabener Spira und offenem Nabel. Die Windungen sind zahlreich und eng, außen abgerundet oder stumpf gewinkelt. Die Skulptur besteht aus schwachen Zuwachslinien auf den apicalen Windungen, starken Zuwachslinien und feinen Rippen auf den jüngeren Umgängen. Die Mündung ist im Umriß halbmondförmig, schräg, der Mundrand an der Außenlippe etwas umgeschlagen und „Zähne" tragend: 1 bis 2 palatale[6] Falten nahe der Sutur, 3 basale Falten und eine columellare Lamelle, außerdem 0 bis 2 parietale Lamellen.

Genotypus: *Plectopyloides cretaceus* YEN
Fig. 75—83

Das Genus ähnelt *Plectopylis* BENSON im allgemeinen Umriß, den eng eingerollten Windungen, dem offenen Nabel, den Falten am parietalen Rand[6] und Zähnchen in der äußeren Wand. Doch unterscheidet sich das Genus dadurch, daß es nur 0 bis 2 transversale Lamellen[6] am parietalen Mundrand besitzt, und durch die Anordnung der palatalen und basalen Falten. Es unterscheidet

---

[6] Vgl. Fußnote auf Seite 42.

sich auch durch einen höheren Umriß des Gehäuses, das Fehlen einer Spiralskulptur und einen engeren Nabel.

Plectopyloides cretaceus n. sp.
Fig. 75—83 (Fig. 75—77 Holotypus)

Das Gehäuse ist von mäßiger Größe, im Umriß queroval und trägt eine etwas erhabene Spira. Die Windungen sind eng gerollt mit einem hervortretenden Apex und etwas konvexer Oberfläche. Die ersten 2½ Umgänge tragen schwach ausgeprägte Zuwachsstreifen, die ziemlich glatt erscheinen; die folgenden sind mit deutlichen Rippenlinien skulpturiert. Die Endwindung ist außen rundlich konvex und an der Basis kräftig gewölbt. In der äußeren Wand befinden sich „Zähne": 1 kleine Querfalte nahe der Sutur, die unterhalb von einem plumpen Zahn und 3 Längsfalten[7] gefolgt ist; und 1 Querlamelle nahe dem columellaren Rand. Die parietalen Lamellen scheinen zu fehlen.

Maße: Höhe des Gehäuses: 6,8 mm, dessen Breite: 10,0 mm; Höhe der Mündung: 4,6 mm, deren Breite: 2,5 mm; Durchmesser des Nabels: 4,1 mm; 8 Umgänge.

Diese Art ist durch ihren querovalen Umriß gekennzeichnet, außen gerundet, an der Basis stark konvex, in der äußeren Wand 5 Falten und keine an der parietalen Wand.

Plectopyloides shantungensis n. sp.
Fig. 84—87 (Fig. 84 Holotypus)

Das Gehäuse ist niedrig; die Spira ist nahezu flach, mit Ausnahme der apicalen Windungen, die leicht erhaben sind. Der Apex ist gerundet und vorragend, die ersten 2½ Umgänge sind schwach gestreift und die jüngeren tragen starke Rippenlinien und Zuwachsstreifen. Die Endwindung ist außen stumpfgewinkelt und an der Basis rundlich konvex. Es sind 2 lange, querlaufende Palatalfalten[7] vorhanden, die nahe und fast parallel zur Naht liegen; ein einziges Zähnchen und 2 Längsplatten sind unter den Palatalfalten vorhanden und zwei kurze Lamellen nahe dem columellaren Rand. Wahrscheinlich sind eine oder zwei Querlamellen an der parietalen Wand vorhanden.

Maße: Höhe des Gehäuses: 4,8 mm, dessen Breite: 9,6 mm; Durchmesser des Nabels: 3,9 mm; 7½ Umgänge.

Diese Art unterscheidet sich von der vorhergehenden durch ihre niedrigere Form, die außen umlaufende stumpfe Knickung und die „Zähne". Es sind zwei statt einer Querfalte nahe der Sutur

---

[7] Vgl. Fußnote auf Seite 42.

vorhanden, zwei anstatt drei Längsfalten[8] in der Mitte, und diese sind breiter und mehr verdickt; zwei anstelle von einer Lamelle[8] nahe dem columellaren Rand, außer den parietalen Lamellen.

Familie Pleurodontidae

Ganeselloides n. gen.

Gehäuse mit trochoidem Umriß, mit mehr oder weniger erhabener Spira und eng genabelt. 7 oder 8 Umgänge, die älteren eng und die späteren weiter gewunden. Endwindung kaum erweitert, außen rundlich konvex oder stumpf geknickt und an der Basis stark aufgebläht. Die Apertur ist abgesenkt, schräg und mondförmig im Umriß. Der Mundrand ist dünn, an der Außenlippe mehr oder weniger erweitert, die Columella ist kurz.

Typus-Art: *Ganeselloides marianus* YEN
Fig. 88—93

Größe, allgemeiner Umriß und Art der Windung ähneln *Ganesella* BLANFORD, von der zahlreiche Arten in der rezenten Fauna der orientalischen Region beschrieben wurden, einschließlich eine Reihe von Arten aus China südlich des Yangtze-Flusses. Doch unterscheidet sich dieses Genus von *Ganesella* durch eine größere Zahl von Umgängen und den viel engeren Nabel.

Ganeselloides marianus n. sp.
Fig. 88—93 (Fig. 88—90 Holotypus)

Das Gehäuse ist im Umriß kreiselförmig, besitzt eine konisch aufgerichtete Spira und eine aufgeblähte Schlußwindung. Die Umgänge sind kaum konvex, die ersten vier eng gewunden und allmählich an Größe zunehmend; die späteren nehmen schnell an Breite zu. Die Endwindung ist abgesenkt, ihre ältere Hälfte stumpfwinkelig, der vordere Teil außen rundlich konvex und die Basis kräftig gewölbt. Die Mündung ist schräg, im Umriß mondförmig und gegen die Außenlippe etwas erweitert. Die Nabelöffnung ist im Jugendstadium klein, bei adulten Individuen nur eine Perforation.

Maße: Höhe des Gehäuses: 12,0 mm, dessen Breite: 12,5 mm; Höhe der Mündung: 7,0 mm, deren Breite: 6,8 mm; 7½ Umgänge.

---

[8] Vgl. Fußnote auf Seite 42.

Diese Art wurde in der Kuan-Chuang-Serie des Meng-Yin-Tales gefunden. Sie ist gekennzeichnet durch ihre konisch aufgerichtete Spira, die stark aufgeblähte Basis der Endwindung und den engen Nabel. Ihre allgemeine Form erinnert an *Ganesella aegistoides* YEN, eine rezente Art, die aus der Provinz Szechuan in Westchina beschrieben wurde.

Ganeselloides sp. indet.
Fig. 94

Ein unvollständig erhaltenes Stück mit eng gewundenen Umgängen, trochoidem Umriß und konisch aufgerichteter Spira mag provisorisch hierhergestellt werden; doch ist eine artliche Bestimmung derzeit nicht möglich. Im allgemeinen Umriß scheint sie an *Ganesella sitalina* (GREDLER) zu erinnern, eine rezente Art, die in der Provinz Hupei gefunden wurde, doch sind ihre Umgänge mehr konvex gewölbt.

Familie Zonitidae
Zonitoides cretaceus n. sp.
Fig. 95—100 (Fig. 95 Holotypus)

Das Gehäuse hat helicoide Form mit einer erhabenen Spira. Die Umgänge sind kaum konvex und nehmen, mit Ausnahme der Endwindung, langsam an Breite zu. Die Sutur ist deutlich eingedrückt. Die Schlußwindung ist abgesenkt, seitlich erweitert, außen stumpf gewinkelt und mäßig konvex an der Basis. Die Mündung ist schräg, queroval und ganzrandig. Die Außenlippe ist in der Mitte gewinkelt, an der Basis schwach konvex, die Columella ist kurz. Der Nabel ist weit geöffnet.

Maße: Höhe des Gehäuses: 3,7 mm, dessen Breite: 6,2 mm; Höhe der Mündung: 2,0 mm, deren Breite: 2,5 mm; Durchmesser des Nabels: 2,0 mm; 5 Umgänge.

Diese Art kann mit *Z. pellati* (DESHAYES) verglichen werden, der aus Sparnacien-Ligniten in Frankreich beschrieben wurde, doch ist sie weit größer mit nahezu derselben Zahl von Umgängen und weiterem Nabel. Diese Stücke wurden in der Kuan-Chuang-Serie des Meng-Yin-Tales gefunden.

Familie Bradybaenidae
Bradybaena sp. indet.

Mehrere Abdrücke wurden in der Kuan-Chuang-Serie im Meng-Yin-Tal gefunden. Die Merkmale erinnern an jene von *Bradybaena duplocingula* (MOELLENDORFF) und *B. paricincta*

(MARTENS), welche aus dem weiter westlichen Innern Chinas beschrieben wurden. Doch kann eine endgültige Bestimmung nur anhand vollständiger erhaltener Exemplare erfolgen.

Cathaica sp. indet.
Fig. 101—103

Ein einziges Exemplar vertritt dieses Genus in der Aufsammlung aus der Kuan-Chuang-Serie des Meng-Yin-Tales. Art der Erhaltung, Vorkommen sowie die Matrix lassen annehmen, daß es sich um ein umgelagertes Stück handelt, das wahrscheinlich nicht der hier beschriebenen Biozönose angehört.

Doch ist dieses einzige Stück in ausgezeichnetem Erhaltungszustand und unzweifelhaft eine Art von *Cathaica*, welches Genus eine große Zahl rezenter Arten umfaßt, die im nördlichen und westlichen Teil Chinas verbreitet sind. Nur zusätzliches Material fossiler Herkunft könnte diesen Beleg bestätigen.

Es ist bekannt, daß *Bradybaena* und *Cathaica* eine große Zahl rezenter Arten enthalten, die gegenwärtig in ganz China vorkommen, doch ist deren paläontologische Geschichte unbekannt. Eine Ausnahme bilden nur die Funde aus pleistozänen Schichten. So unvollständig diese Belege auch sind, so geben sie doch einen Hinweis auf die lange geologische Geschichte dieser beiden Gattungen.

Familie Anodontidae

Lepidodesma cf. *L. ponderosa* ODHNER
Fig. 104—105

Mehrere Stücke können mit dieser Art bezüglich Größe und allgemeiner Gestalt verglichen werden. *L. ponderosa* wurde ursprünglich aus der San Men-Serie beschrieben, die bei Ho-Ti-Tsun in Shansi aufgeschlossen ist. Das Alter der San Men-Serie ist frühes Pleistozän oder spätes Pliozän. Gegenwärtig ist eine genaue Bestimmung dieses Fossils nicht möglich, da die vorhandenen Exemplare nur als Steinkerne erhalten sind. Diese Stücke wurden in der Lou-Tze-Kou-Serie im Pao-Teh-Gebiet gefunden.

Familie Sphaeriidae

Pisidium cf. *P. laevigatum* (DESHAYES)
Fig. 106

Eine Anzahl von Exemplaren wurde in der Kuan-Chuang-Serie im Meng-Yin-Tal gefunden. Sie mögen zu einer besonderen neuen Art gehören, doch die Merkmale, welche eine Ansicht von außen darbietet, sind zu unverläßlich, um die artliche Zugehörigkeit festzustellen. Überdies sind fossile und rezente Überreste von Sphaeriiden aus China zuwenig bekannt. Es wird deshalb vorgezogen, diese Stücke vorläufig mit der oben zitierten Art zu vergleichen, die aus dem Paleozän von Frankreich beschrieben wurde.

Zusammenfassung

Acht Aufsammlungen fossiler nicht-mariner Mollusken von vier verschiedenen Fundstellen in den Provinzen Shantung und Shansi wurden in dieser Arbeit behandelt. Eine Sammlung aus der Kuan-Chuang-Serie, die im Meng-Yin-Tal aufgeschlossen ist, enthält zwanzig bestimmbare Arten und sechzehn von ihnen sind Landmollusken. Die fossilführenden Schichten stammen wahrscheinlich aus einem Sumpfbecken der Oberkreidezeit. Eine andere Aufsammlung in der Kuan-Chuang-Serie wurde im Lai-Wu-Tal gemacht, wo sechs Arten von Gastropoden gefunden wurden. Diese fossilführenden Schichten stellen wahrscheinlich eine lacustrine Ablagerung dar, wo das Wasser ungefähr 15 bis 20 m tief war. Als Alter ist ebenfalls späte Kreide anzunehmen.

Fünf getrennte Aufsammlungen wurden im Yuan-Chu-Gebiet in der Provinz Shansi durchgeführt. Die fossilreichste Lokalität enthält 13 Arten aquatischer und terrestrischer Gastropoden. Die Funde zeigen, daß diese Schichten küstennahe Ablagerungen eines eozänen Sees sind. Eine Aufsammlung wurde in der Lou-Tze-Kou-Serie des Pao-Teh-Gebietes ausgeführt. Sie enthält 7 Arten von Mollusken des frühen Pliozäns, und die Ablagerungen stammen vermutlich aus einem lokalen Sumpfgebiet oder sind fluviatile Bildungen aus einer Talniederung.

Diese Kollektionen repräsentieren ein Belegmaterial von 46 Arten von Land- und Süßwasser-Mollusken, welche 32 Genera in 21 Familien umfassen. Zwei Genera und 30 Arten wurden hier als neu beschrieben. Diese fossilen Molluskenfaunen zeigen, daß ihre zeitliche Verbreitung völlig mit der räumlichen im Einklang steht. Überdies kann man erkennen, daß die fossilen Faunen in jeder geologischen Altersstufe viele einheimische Elemente neben den zeitweise aus benachbarten Kontinenten immigrierten Formen enthalten.

Literatur
(in Auswahl)

Die vollständige Bibliographie sowie Angaben zu den Gattungen mögen — in Ergänzung zu den folgend zitierten Arbeiten — aus den Standardwerken entnommen werden.

ANDERSSON, J. G., 1923: Essays on the cenozoic of North China. — Mem. Geol. Survey China, Der. A, no. 3, pp. 1—152, 3 maps and 9 pls.

BOISSY, SAINT ANGE DE, 1848: Description géologique des Coquilles fossiles du calcaire lacustre de Rilly-la-Montagne près Reims. — Mém. Soc. géol. France, Sér. 2, vol. 3 (1), pp. 265—285, pl.

DESHAYES, G. P., 1861: Description des animaux sans Vertébrés du bassin de Paris. — vol. 2, pp. 1—432.

EAMES, F. E., 1952: A contribution to the study of the Eocene in western Pakistan and western India, Part C. — Philos. Trans. Roy. Soc. London, Ser. B, vol. 236, pp. 1—168, 6 pls.

GRABAU, A. W., 1923: Cretaceous fossils from Shantung. — Bull. Geol. Survey China, no. 5 (2), pp. 143—181, 2 pls. and text-figs.

— 1923: Cretaceous mollusca from North China. — Bull. Geol. Survey China, no. 5 (2), pp. 183—197, text-figs.

HUBENDICK, B., 1955: Phylogeny in the Planorbidae. — Trans. Zool. Soc. London, vol. 28 (6), pp. 453—542, text-figs.

ODHNER, N. H., 1922: Lacustrine mollusca from Eocene deposits of China. — Bull. Geol. Survey China, no. 4, pp. 119—136, 1 pl.

— 1925: Shells from the San Men Series. — Paleontologia Sinica, Ser. B, vol. VI (1), pp. 1—19, 5 pls.

SANDBERGER, C. L. F., 1870—1875: Die Land- und Süßwasser-Conchylien der Vorwelt. — pp. 1—1000, 36 pls., Wiesbaden.

SCHLOSSER, M., 1906: Über fossile Land- und Süßwassergastropoden aus Centralasien und China. — Ann. Hist. Nat. Mus. Nat. Hungarici, v. 4, pp. 372—405, 1 pl.

TAN, H. C., 1923: New research on the Mesozoic and early Tertiary geology in Shantung. — Bull. Geol. Survey China, no. 5 (2), pp. 95—135, 4 pls.

WATSON, H., 1954: The genus Biomphalaria and its relation to other Planorbidae. — Rev. zool. bot. Afr., vol. 49 (3—4), pp. 209—220.

YEN, T.-C., 1935: The non-marine gastropods of North China, Part I. — Publ. Mus. Hoangho Paiho, Tientsin, no. 34.

— 1937: The non-marine gastropods of North China, Part II. — Publ. Mus. Hoangho Paiho, Tientsin, no. 46.

— 1938: The non-marine gastropods of North China, Part III. — Publ. Mus. Hoangho Paiho, Tientsin, no. 58.

— 1938: Notes on gastropod fauna of Szechwan Province. — Mitteil. Zool. Mus. Berlin, vol. 23 (2), pp. 438—458, 1 pl.

— 1939: Die chinesischen Land- und Süßwasser-Gastropoden des Natur-Museums Senckenberg. — Abh. Senckenberg. Naturforsch. Ges. No. 444, 233 S, 1026 fig., 16 Taf. — Frankfurt.

— 1942: A review of Chinese gastropods in the British Museum. — Proc. Malac. Soc. London, vol. 24, pp. 170—289, 18 pls.

— 1943: Review and summary of Tertiary and Quaternary non-marine mollusks of China. — Proc. Acad. Nat. Sci. Phila., vol. 95, pp. 267—309.

— 1944: Notes on freshwater mollusks of Idaho formation at Hammett, Idaho. — Jour. Paleontology, vol. 18, pp. 101—108, text-figs.

— 1946: Eocene non-marine gastropods from Hot Spring County, Wyoming. — Jour. Paleontology, vol. 20, pp. 495—500, text-figs.

- 1947: Distribution of Fossil freshwater mollusks. — Bull. Geol. Soc. Amer., vol. 58, pp. 293—298.
- 1948: Eocene Freshwater mollusca from Wyoming. — Jour. Paleontology, vol. 22, pp. 634—640.
- 1948: Notes on land and freshwater mollusca of Chekiang Province, China. — Proc. Calif. Acad. Sci., vol. 26 (4), pp. 69—99, 1 pl., text-figs.
- 1948: Paleocene freshwater mollusks from Southern Montana. — U. S. Geol. Survey Prof. Paper 214 C.
- 1951: Freshwater molluscan fauna from an Upper Cretaceous Porcellanite near Sage Junction, Wyoming. — Amer. Jour. Sci., vol. 250, pp. 344—359, 1 pl.

YOUNG, C. C., 1937: An early Tertiary vertebrate fauna from Yuanchu. — Bull. Geol. Soc. China, vol. 17, pp. 413—483, text-figs.

ZDANSKY, O., 1923: Fundorte der Hipparion-Fauna um Pao-Te-Hsien in NW-Shansi. — Bull. Geol. Survey China, no. 5 (1), pp. 69—82, 5 pls.

Tafelerklärungen

Tafel 1

Fig. 1. *Georissa plicatula* YEN — Kuan-Chuang-Serie im Meng-Yin-Tal. × 8.
Fig. 2—4. *Helicina shantungensis* YEN — Kuan-Chuang-Serie im Meng-Yin-Tal. × 2.
Fig. 5—6. *Cyclophorus* sp. indet. — Kuan-Chuang-Serie im Meng-Yin-Tal. × 1.
Fig. 7. *Pseudarinia sinensis* YEN — Kuan-Chuang-Serie im Meng-Yin-Tal. × 8.
Fig. 8—9. *Pseudarinia elongata* YEN — Kuan-Chuang-Serie im Meng-Yin-Tal. × 8.
Fig. 10—11. *Valvata menyinensis* YEN — Kuan-Chuang-Serie im Meng-Yin-Tal. × 4.
Fig. 12. *Valvata* cf. *V. leopoldi* BOISSY — Kuan-Chuang-Serie im Lai-Wu-Tal. × 4.
Fig. 13—17. *Lioplacodes sinensis* YEN — Kuan-Chuang-Serie im Lai-Wu-Tal. × 2.
Fig. 18—20. *Amnicola laiwuensis* YEN — Kuan-Chuang-Serie im Lai-Wu-Tal. × 4.
Fig. 21—22. *Fluminicola yuanchuensis* YEN — Lokalität 2 des Yuan-Chu-Fundgebietes. × 2.
Fig. 23—24. *Nystia shansiensis* YEN — Lokalität 2 des Yuan-Chu-Fundgebietes. × 4.
Fig. 25. *Nystia acutispira* YEN — Lokalität 2 des Yuan-Chu-Fundgebietes. × 10.
Fig. 26—27. *Palaeoleuca sinensis* YEN — Kuan-Chuang-Serie im Meng-Yin-Tal. ×20.
Fig. 28—29. *Lymnaea kuanchuangensis* YEN — Kuan-Chuang-Serie im Meng-Yin-Tal. × 2.
Fig. 31—32. *Lymnaea* sp. indet. — Lokalität 2 des Yuan-Chu-Fundgebietes. × 8.
Fig. 33—37. *Lymnaea paotehensis* YEN — Lou-Tze-Kou-Serie im Pao-Teh-Fundgebiet. × 1, × 2.

Tafel 2

Fig. 38—40. *Gyraulus laiwuensis* YEN — Kuan-Chuang-Serie im Lai-Wu-Tal. × 4.
Fig. 41—43. *Gyraulus praesibericus* YEN — Lokalität 2 des Yuan-Chu-Fundgebietes. × 4.
Fig. 44—45. *Gyraulus pliosibericus* YEN — Lou-Tze-Kou-Serie im Pao-Teh-Fundgebiet. × 2.
Fig. 46—48. *Hippeutis chertieri* (DESHAYES) — Lokalität 2 im Yuan-Chu-Fundgebiet. × 4.

Fig. 49—50. *Australorbis odhneri* YEN — Lokalität 2 des Yuan-Chu-Fundgebietes. × 2; Lokalität 5. × 1.
Fig. 51—53. *Planorbarius sinensis* (ODHNER) — Lokalität 2 des Yuan-Chu-Fundgebietes. × 4.
Fig. 54. *Carinulorbis* sp. indet. — Kuan-Chuang-Serie im Lai-Wu-Tal. × 2.
Fig. 55. *Idahoella grabaui* YEN — Lou-Tze-Kou-Serie im Pao-Teh-Fundgebiet. × 2.
Fig. 56—57. „*Planorbis*" sp. indet. — Lou-Tze-Kou-Serie. × 2.
Fig. 58—61. *Palaeancylus shansiensis* YEN — Lokalität 2 des Yuan-Chu-Fundgebietes. × 4.
Fig. 62—65. *Physa shantungensis* YEN — Kuan-Chuang-Serie im Meng-Yin-Tal. × 10.
Fig. 66. *Physa aplexoides* YEN — Kuan-Chuang-Serie im Meng-Yin-Tal. × 10.

Tafel 3

Fig. 67—68. *Physa sinensis* YEN — Lokalität 2 des Yuan-Chu-Fundgebietes. × 2.
Fig. 69. *Succinea protevoluta* YEN — Lokalität 2 des Yuan-Chu-Fundgebietes. × 4.
Fig. 70. *Pupilla shantungensis* YEN — Kuan-Chuang-Serie im Meng-Yin-Tal.
Fig. 71. *Pyramidula shantungensis* YEN — Kuan-Chuang-Serie im Meng-Yin-Tal. × 20.
Fig. 72—74. *Eostrobilops sinensis* YEN — Kuan-Chuang-Serie im Meng-Yin-Tal.
Fig. 75—83. *Plectopyloides cretaceus* YEN — Kuan-Chuang-Serie im Meng-Yin-Tal. × 2.
Fig. 84—87. *Plectopyloides shantungensis* YEN — Kuan-Chuang-Serie im Meng-Yin-Tal. × 8, × 2.
Fig. 88—93. *Ganeselloides marianus* YEN — Kuan-Chuang-Serie im Meng-Yin-Tal. × 2.
Fig. 94. *Ganeselloides* sp. indet. — Kuan-Chuang-Serie im Meng-Yin-Tal. × 2.
Fig. 95—100. *Zonitoides cretaceus* YEN — Kuan-Chuang-Serie im Meng-Yin-Tal. × 2.
Fig. 101—103. *Cathaica* sp. indet. — Meng-Yin-Tal. × 1.

Tafel 4

Fig. 104—105. *Lepidodesma* cf. *L. ponderosa* ODHNER — Lou-Tze-Kou-Serie im Pao-Teh-Fundgebiet. × 1.
Fig. 106. *Pisidium* cf. *P. laevigatum* (DESHAYES) — Kuan-Chuang-Serie im Meng-Yin-Tal. × 2.
Fig. 107. Operculum eines Gastropoden — Lokalität 2 des Yuan-Chu-Fundgebietes. × 4.
Fig. 108—109. Opercula von Gastropoden — Kuan-Chuang-Serie im Lai-Wu-Tal. × 4.
Fig. 110—112. *Australorbis glabratus* (SAY) — Puerto Rico. × 2.

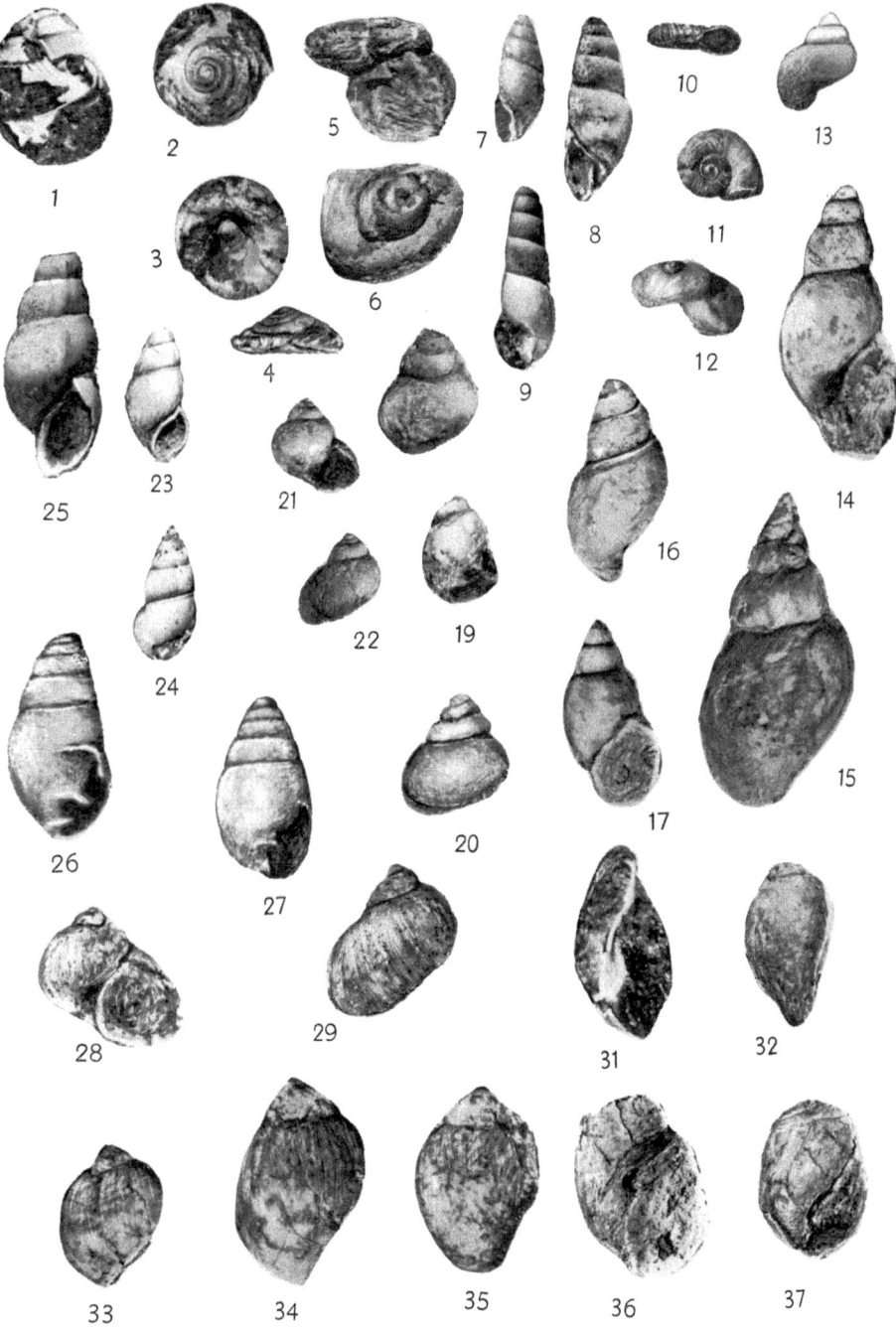

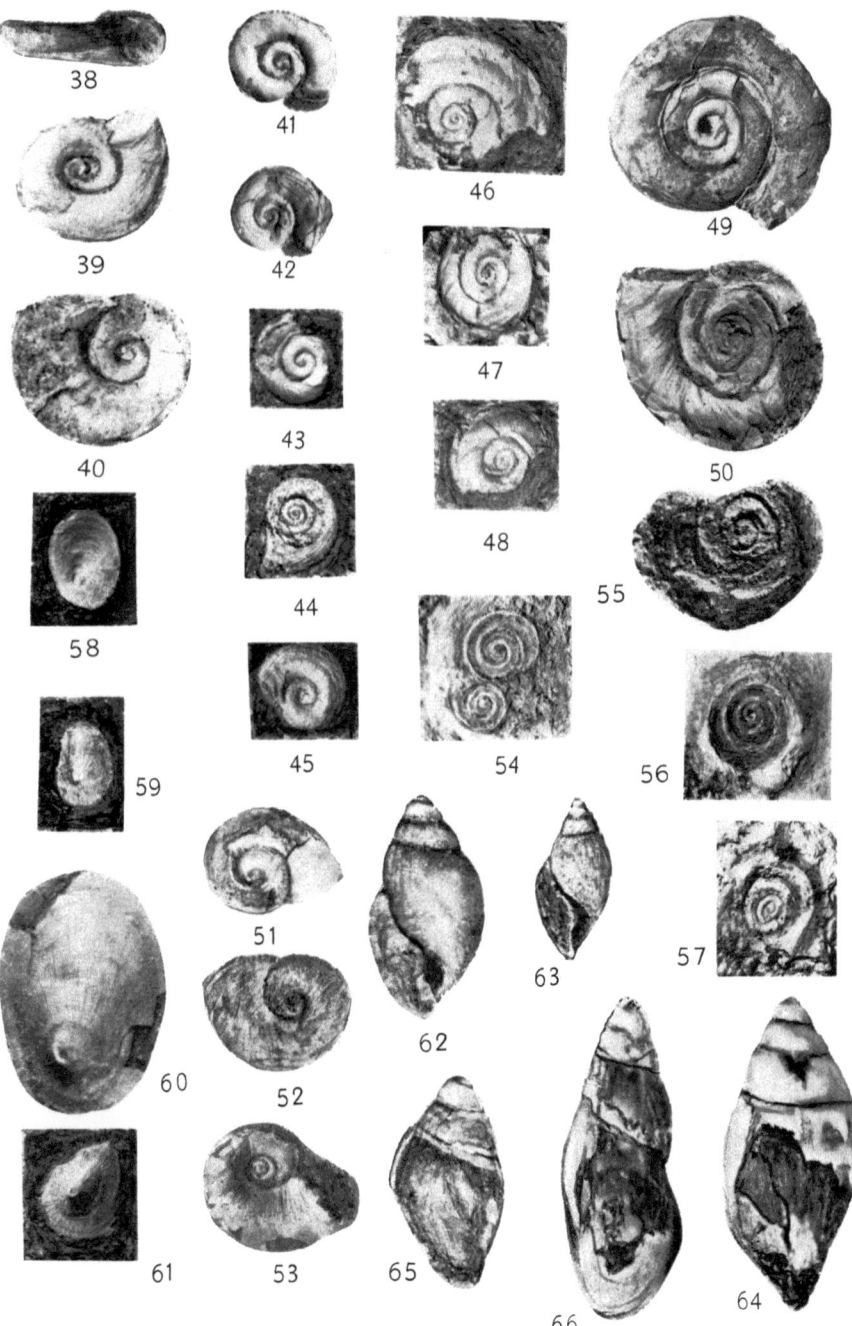

Tafel 3

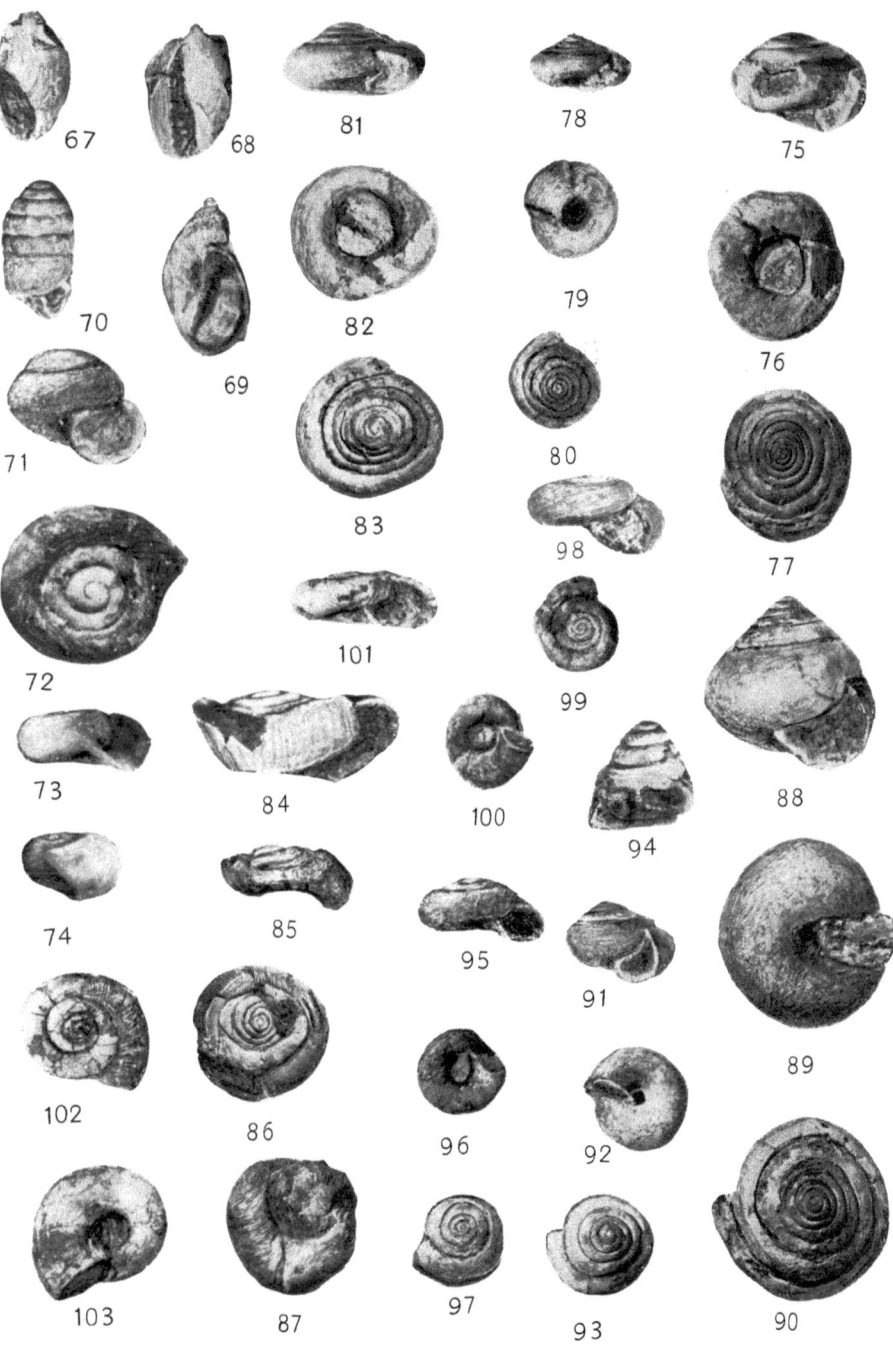

Tafel 4

1960 (S I Bd. 169):

Bachmayer F., Insektenreste aus den Congerienschichten (Pannon) von Brunn-Vösendorf (südl. von Wien), Niederösterreich (mit 2 Tafeln und 8 Abbildungen). S 8.30

Schaffer H., Interessante obereozäne Echinidenarten aus Bruderndorf (Niederösterreich) und Oberitalien (mit 7 Textabbildungen). S 11.—

1961 (S I Bd. 170):

Bachmayer F., Neue Insektenfunde aus dem österreichischen Tertiär (Brunn-Vösendorf bei Wien und Weingraben im Burgenland) (mit 2 Textabbildungen und 4 Tafeln). S 170—9. S 13.60

Bernhauser A., Zur Knochen- und Zahnhistologie von Latimeria chalumnae Smith und einiger Fossilformen (mit 17 Textabbildungen). S 170—6. S 19.40

Ehrenberg K. und Ruckensteiner E., Bericht über Ausgrabungen in der Salzofenhöhle im Toten Gebirge XIII. Paläopathologische Funde und ihre Deutung auf Grund von Röntgenuntersuchungen (mit 10 Tafeln). S 170—23. S 39.—

Flügel E., Bryozoen aus den Zlambach-Schichten (Rhät.) des Salzkammergutes, Österreich (mit 3 Textabbildungen und 3 Tafeln). S 170—25. S 20.—

Rutsch R. F. und Steininger F., Eine neue Pecten-Art aus dem Typus-Profil des Helvétien südlich von Bern (Schweiz) (mit 3 Textabbildungen und 1 Tafel). 170—10. S 18.—

Schaffer H., Brissus (Allobrissus) miocaenicus, eine neue Echinidenart aus dem Torton Mühlendorf (Burgenland) (mit 1 Textabbildung und zwei Tafeln). S 170—8. S 13.20

Zapfe H., Ergebnisse einer Untersuchung der Austriacopithecus-Reste aus dem Mittelmiozän von Klein-Hadersdorf, NÖ., und eines neuen Primatenfundes aus der Molasse von Timmelkam, OÖ. S 170—7. S 9.30

1962 (S I Bd. 171):

Schmid Manfred, E., Die Foraminiferenfauna des Bruderndorfer Feinsandes (Danien) von Haidhof bei Ernstbrunn, NÖ. 171—18. S 86.—

1963 (S I Bd. 172):

Flügel Helmut, Algen und Problematica aus dem Perm Süd-Anatoliens und Irans (mit 11 Abbildungen auf 2 Tafeln). Smn 172—1. S 20.—

Flügel Erik, Revision der triadischen Bryozoen und Tabulaten (mit 3 Tabellen im Text). Smn 172—21. S 40.—

Kristan-Tollmann Edith, Holothurien-Sklerite aus der Trias der Ostalpen (mit 2 Textabbildungen und 10 Tafeln). Smn 172—25. S 52.—

1964 (S I Bd. 173):

Andreánsky G., Zur Floren- und Vegetationsgeschichte des ungarischen Tertiärs (mit 6 Textabbildungen). Smn 173—31. S 22.—

Benkö-Czabalay L., Die obersenone Gastropodenfauna von Sümeg im südlichen Bakony. Smn 173—10. S 43.—

Kristan-Tollmann Edith, Holothurien-Sklerite aus dem Torton des Burgenlandes, Österreich (mit 9 Tafeln). Smn 173—8. S 50.—

Kunz Bruno W. L., Die Fauna der Neuhauser Schichten von Waidhofen/Ybbs, NÖ. (Dogger, Klippenzone) (mit 2 Tafeln und 4 Textabbildungen). Smn 173—27. S 54.—

Macarovici N. und Paghida N., Ein Endocranialausguß von Hipparion sebastopolitanum aus dem Sarmat von Paun-Jasi (Rumänien) (mit 4 Tafeln und 4 Textabbildungen). Smn 173—26. S 28.—

Muckenhuber Leopoldine, Miozän-Korallen des Wiener Beckens (mit 1 Tafel). Smn 173—29. S 20.—

Udin Ardhi Rahman, Die Steinbrüche von St. Margarethen (Burgenland) als fossiles Biotop, I. Die Bryozoenfauna (mit 2 Tafeln). Smn 173—33. S 61.—

1965 (S I Bd. 174):

Kühn Othmar, Korallen aus dem Helvetien von Österreich, mit geologischen Beiträgen von F. Steininger und O. Schultz (mit 2 Tafeln). 174—25. S 76.—

MIX
Papier aus verantwortungsvollen Quellen
Paper from responsible sources
FSC® C105338

If you have any concerns about our products,
you can contact us on
ProductSafety@springernature.com

In case Publisher is established outside the EU,
the EU authorized representative is:
**Springer Nature Customer Service Center GmbH
Europaplatz 3, 69115 Heidelberg, Germany**

Printed by Libri Plureos GmbH
in Hamburg, Germany